湖北湿地生态保护研究丛书

神农架
大九湖湿地资源与环境管理

王学雷　等◎著

图书在版编目(CIP)数据

神农架大九湖湿地资源与环境管理 / 王学雷等著. —武汉 ：湖北科学技术出版社，2020.12

（湖北湿地生态保护研究丛书 / 刘兴土主编）

ISBN 978-7-5352-8604-8

Ⅰ. ①湖… Ⅱ. ①王… Ⅲ. ①神农架—沼泽化地—自然资源保护—研究 Ⅳ. ①P942.630.78

中国版本图书馆 CIP 数据核字(2020)第 148070 号

策　　划：高诚毅　宋志阳　邓子林

责任编辑：谭学军　邓子林　　　　封面设计：喻　杨

出版发行：湖北科学技术出版社　　　　电话：027-87679468

地　　址：武汉市雄楚大街 268 号　　　　邮编：430070

（湖北出版文化城 B 座 13-14 层）

网　　址：http://www.hbstp.com.cn

印　　刷：武汉市卓源印务有限公司　　　　邮编：430026

787×1092　1/16　　8.75 印张　10 插页　200 千字

2020 年 12 月第 1 版　　2020 年 12 月第 1 次印刷

定价：90.00 元

大九湖高原牧场景观（贾国华 摄）

大九湖冬季湿地景观（贾国华 摄）

大九湖人工沟渠与牧场景观（贾国华 摄）

大九湖国家湿地公园木栈道设施与湿地景观（贾国华 摄）

大九湖洪泛平原湿地景观（贾国华 摄）

大九湖湿地公园秋景（贾国华 摄）

大九湖湿地景观（贾国华 摄）

大九湖湿地泥炭沼泽景观（贾国华 摄）

大九湖湿地资源科学考察（王学雷 摄）

大九湖湿地水生植被景观（贾国华 摄）

大九湖自然景观（大九湖湿地公园提供）

大九湖湿地晚霞（贾国华 摄）

大九湖最大的落水洞（王学雷 摄）

大九湖自然湿地景观（贾国华 摄）

大九湖黑三棱群落（王学雷 摄）

大九湖森林—湿地生态景观（贯国华 摄）

大九湖森林景观（王学雷 摄）

雨季大九湖自然景观（贾国华 摄）

大九湖综合科学考察（王学雷 摄）

夏季大九湖湿地景观（贾国华 摄）

“湖北湿地生态保护研究丛书”编委会

《神农架大九湖湿地资源与环境管理》著者

王学雷　杜　耘　何报寅　史玉虎　厉恩华　潘晓斌

高　健　王文华　张志麒　赵素婷　周文昌　杨　超

范韦莹　姜刘志　崔鸿侠　余　璟　贾国华　杨敬元

莫家勇　王巧铭

序　言

神农架是地球上中纬度地区保存较为完好的唯一的原始森林分布区域，具有自然环境独特，物种多样、古老、孑遗、稀有，水资源丰富等特点，素有“自然博物馆”“物种基因库”“孑遗动植物避难所”之美誉，是野生动植物生存繁衍的理想场所；由于其具有完好的森林生态系统，丰富的降水量，是长江流域重要的水源涵养地，在改善生态环境和维护生态平衡等方面发挥着重要作用。

神农架大九湖湿地位于湖北西北端，坐落于长江和汉水的分水岭上，西与重庆、陕西接壤，北与十堰市为邻，东与恩施巴东县相连。大九湖湿地平均海拔 1 730 m，被神农架群山所环绕，形成了独特的高山盆地，构成别具一格的盆地与山岳相间的自然景观，天然森林植被与湿地沼泽植被交错的迷人画卷。神农架大九湖是湿地生态系统和森林生态系统的完美结合，独特的湿地结构让大九湖湿地比其他湿地更具多样性。金丝猴、白鹳、金雕等珍稀动物在这里繁衍生息；以珙桐、鹅掌楸、连香树等为代表的孑遗植物在这特殊的自然环境中得到庇护，这样的湿地在中国也极为罕有，2013 年更是被国际湿地公约组织列入国际重要湿地名录。

党的十八届三中全会做出了关于加强生态文明建设的决定，明确提出建立国家公园体制。2015 年 1 月，国家发展和改革委员会等 13 部委正式将湖北省纳入我国建立国家公园体制试点的首批 9 个试点省(市)之一。2016 年 11 月，神农架进入国家公园体制试点实施阶段。

本书在对神农架大九湖进行综合科学调查的基础上，探讨了大九湖的地貌地质和岩溶水文地质特征；分析了大九湖湿地环境演变与人类活动影响；研究了大九湖水资源特征与水环境现状；分析评价了大九湖水资源和湿地资源现状，在充分考察与实地详查的基础上分析和评估了鄂西及大九湖亚高山泥炭藓沼泽湿地高等植物多样性、大九湖浮游生物群落结构特征与水体营养状态评价；探讨了生态恢复前后神农架大九湖湿地土地利用变化，大九湖湿地生态系统服务价值与生态系统健康评价，提出了大九湖湿地保护与可持续发展对策；此外还详细介绍了神农架大九湖湿地生态系统监测体系的建设目标、意义以及科研监测建设与运行的进展。

《湖北神农架大九湖湿地资源与环境管理研究》是湖北省学术著作出版专项基金资助项目——“湖北湿地生态保护研究丛书”之一，该书是由中国科学院精密测量科学与技术创新研究院及环境与灾害监测评估湖北省重点实验室作为科研支撑单位，同时湖北省林业科学研究院、神农架国家公园及大九湖国家湿地公园、湖北十堰市水文水资源勘测局和湖北工业大学河湖生态修复与藻类利用湖北省重点实验室等单位给予支持，并参与了相关研究工作。

本书各章节作者分别是：第一章，王学雷、何报寅等；第二章，何报寅、杜耘等；第三章，王学雷、张志麒、何报寅、史玉虎等；第四章，潘晓斌、何意等；第五章，王学雷、史玉虎、王文华、张志麒、高健、周文昌、崔鸿侠等；第六章，赵素婷、厉恩华、王学雷、姜刘志；第七章，高健；第八章，范韦莹、王学雷、杨超、姜刘志、余璟、尹发能等；第九章，周文昌、史玉虎、崔鸿侠等；第十章，潘晓斌、蔡世耀、胡辉华、高健等；第十一章，史玉虎、周文昌、崔鸿侠、张志麒等；第十二章，王学雷、杜耘、史玉虎、王文华、贾国华、杨敬元、张志麒、何报寅、莫家勇等。全书由王学雷统稿和审校。在该书编写过程中得到了湖北省林业局湿地保护管理中心、神农架国家公园管理局等单位的大力支持和帮助，对他们表示深深的谢意！本书的研究工作在区域背景、理论方法、研究基础和成果分析等方面参考和引用了大量的文献，在此对文献作者们表示感谢！

本书为神农架大九湖环境过程与湿地生态演化研究提供了有益的借鉴，为鄂西地区生态保护与可持续发展提供了科学依据。由于研究时间和认识水平有限，内容涉及面较广，书中不妥之处难以避免，敬请读者批评指正。

著　者

2020 年 8 月

目　录

第一章

神农架大九湖自然地理概况

神农架是地球中纬度地区保存最为完好的原始森林生态系统区域，大九湖湿地是华中地区并不多见的北亚热带高山湿地，也是我国自然湿地资源中不可多得的一块宝地，其泥炭沉积物于全新世以前就已形成，具有极高的科学研究价值。同时大九湖湿地又是南水北调中线工程的天然蓄水库，具有生态完好性、生物多样性、资源丰厚性、原始神秘性等特点。作为世界著名的人与生物圈保护区和生物多样性保护示范点的缓冲区、国家公园、国家森林公园、国家地质公园、国家天然林资源保护工程示范区，在环境保护、生态平衡、科学研究等方面，对中国乃至全球都具有独特的重要意义。

神农架大九湖湿地位于湖北西北端，坐落于长江和汉水的分水岭上，西与重庆、陕西接壤，北与十堰市为邻，东与恩施巴东县相连。大九湖湿地平均海拔 1 730 m，被神农架群山所环绕，形成了独特的高山盆地，构成了别具一格的盆地与山岳相间的自然景观，天然森林植被与湿地沼泽植被交错的迷人画卷。这里拥有当今世界北半球中纬度内陆地区唯一保存完好的亚热带森林生态系统。

1.1 神农架自然地理概况

神农架林区位于东经 109°56′～110°58′，北纬 31°15′～31°57′，地处湖北省西部边陲，北依湖北房县和竹山县、东接湖北保康县、南通湖北兴山县和巴东县、西达重庆市的巫山县，总面积 3 253 km^2，如图 1-1 所示。

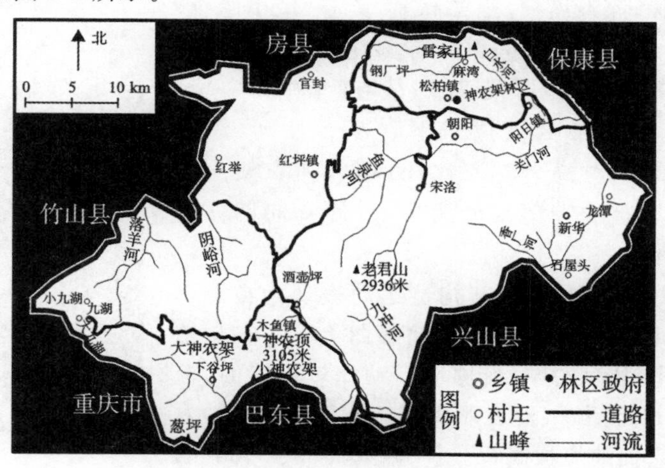

图 1-1　神农架林区范围图

1.1.1 古老的地块与复杂的地质演变史

神农架是一个非常古老的地块，自太古代就有成陆的历史，后又几经沧海桑田，始成今日模样。从大地构造上看，它隶属于扬子准地台(扬子板块)，为一地盾似的隆起。从地质构造看，神农架为一复背斜，主轴大致东西走向，由于多次地壳运动的作用，许多次一级的断层大致呈南北走向，与背斜轴部相交和斜切。

在距今34亿年前的太古代，神农架海受吕梁运动的影响上升隆起，成为最早的原始穹形山地，并一直屹立于原始海中达20亿年之久。到晚元古代，神农架再次沉降，没入海中直到古生代的泥盆纪，海西运动使之逐渐脱离海侵成为陆地。后又数度升降，小规模地海侵海退，一直到古生代末和中生代初，印支运动发生，才使得神农架彻底脱离海洋而再次成为陆地。当时其地形比较平坦，尚无高大山川发育。中生代侏罗—白垩纪发生的燕山运动使得神农架地层不断抬升，并强烈褶皱，形成现有地质构造与地貌框架。新生代的喜马拉雅运动使这种框架进一步稳定，并继续上升。第四纪新构造运动显然继承了喜马拉雅运动的特点，表现为间歇性上升，至今犹未止息。

本区出露地层主要是比较古老的沉积岩，间有少量变质岩与火山岩。元古界神农群是最为古老，分布最为广泛的地层，为碳酸盐岩、碎屑岩夹火山岩，构成古老的基底。震旦系环绕神农群古老基底的边缘分布，少数覆盖其上，为一套碳酸盐质砂砾岩、冰碛砂砾岩和泥岩、硅质和碳质页岩、磷块岩和碳酸盐岩。早古生界的寒武系、奥陶系和志留系岩层也有广泛分布，大都覆于神农群与震旦系之上，主要是白云岩、石灰岩、碳质和硅质页岩、粉砂岩。一般来说，石灰岩和砂岩、页岩是这里的主要岩石类型，前者大都构成中高山，后者大都构成低山丘陵。

1.1.2 侵蚀强烈的山地地貌

神农架在中国地貌区划中属大巴山中高山，是我国地势第二阶梯的东部边缘，属秦岭大巴山脉的东延部分，山脉大致呈东西走向。

神农架境内总的地势是西南部高东北部低，山势高大，山峦叠嶂，山峰挺拔，深谷纵横，绝壁高悬，素有“华中屋脊”之称。这里海拔2 900 m以上的山峰有12座，最高峰神农顶海拔3 105.4 m，是华中地区最高点，故有“华中第一峰”的美誉(图1-2)。区内最低点位于下谷乡石柱河，海拔398 m，与神农顶的相对高差达2 707.4 m(《神农架志》，1996)。整体地貌以神农顶等高峰为中心，岭脊向四方延伸，构成长江与汉水的一级分水岭。

图1-2 “华中第一峰”——神农顶

进入第四纪以来，神农架的新构造运动表现为在总体隆起的背景上，沿北北东方向间歇式地拱曲上升。在构造抬升阶段，以造山作用为主导；当构造运动比较平静时，流水侵蚀、剥蚀作用相对活跃，地表形成多级夷平面。在神农架有五级夷平面，它们的海拔高程分别为3 000 m、2 500 m、2 100 m、1 700 m、800～1 000 m。神农架山体顶部一般比较平坦、开阔，是古老夷平面的残留部分。海拔较高的两级夷平面可能形成于第三纪,其他海拔较低的三级夷平面则形成于第四纪(刘会平,1998)。

神农架除发育了山地地貌和流水地貌外,还发育了喀斯特地貌和冰川地貌。喀斯特地貌是指广泛出露可溶性碳酸盐岩的地区,在地表水和地下水的长期流动和溶蚀作用下形成的地貌景观。神农架主要的喀斯特地貌有岩溶漏斗和洼地、坡立谷、溶洞、落水洞、暗河、岩溶盆地、溶沟、溶槽、石牙、石柱、石林、岩溶槽谷、峰丛、天生桥等。神农架已查明的冰川地貌主要见于西部的九湖乡,为第四纪冰川作用的结果,其主要特点是:既有发育良好的冰斗、冰窖、角峰、槽谷等冰川侵蚀地貌,又有相应的冰川堆积物和堆积地貌,如侧碛、底碛、漂砾等。

1.1.3 温和湿润的山地季风气候和典型的垂直气候带

神农架山体高大,位于我国东部季风气候区内,因此其气候除了受季风环流的影响外,还受到地形的强烈影响。总的来说,冬季温和略显干燥,夏季温暖多雨,属温和湿润的山地季风气候类型。通常 7 月气温最高,1 月最低。同时,这里降水丰沛,年降水量 1 200 ~2 000 mm。受地形影响,气温和降水的垂直变化都非常明显。海拔愈高,气温愈低,降水愈多。不同海拔高度之间的年均温、7 月均温、1 月均温、降水量都有很大差别。表 1-1 给出了阳日湾、松柏镇和大九湖 3 个不同海拔高度观测站的气温和降水的多年平均值。

从多年观测资料可知,在神农架海拔每升高 100 m,年均温和 7 月均温就下降约 0.6℃,1 月均温则下降得要小一些;而年降水量的垂直递增率为每百米 20～25 mm。神农架降水季节分配不均,大部分降水都集中在受夏季风控制的 5—9 月。如阳日湾,5—9 月降水近 800 mm,占全年降水的 61.5%;松柏镇同期降水约 1 000 mm,占全年降水的 64.1%。

表 1-1 不同海拔高度的气温和降水的多年观测值(据《神农架志》整理)

观测站	海拔高度/m	年均温/℃	7 月均温/℃	1 月均温/℃	年降水量/mm
阳日湾	420	14.5	26.0	2.4	1 300
松柏镇	900	12.0	23.0	0.0	1 400
大九湖	1 700	7.2	17.2	−2.4	1 560

由于高程影响,神农架可分成四个不同高度的气候带:

1)海拔 800 m 以下为北亚热带山地季风气候,年均温为 13～17℃,年降水量为 1 200 ～1 350 mm;

2)海拔 800～1 300 m 为暖温带季风气候,年均温为 10～13℃,年降水量为 1 300 ～1 450 mm;

3)海拔 1 300 ～2 000 m 为温带季风气候,年均温为 5.7～10℃,年降水量为 1 450 ～1 600 mm;

4)海拔 2 000 m 以上为寒温带季风气候,年均温为 0～5.5℃,年降水量为 1 600 ～1 800 mm,甚至更高。

1.1.4 放射状发育的地表水系

神农架山势高峻,降水丰沛,水系发育呈放射状,为湖北省境内长江与汉水的分水岭。

全区共有大小河流 317 条，分属香溪河、沿渡河（亦名神农溪）、南河、堵河 4 条水系。河谷具有明显的幼年期特征，河谷陡狭，多呈“V”字形。河流大部分比较短小，流域面积不大，但坡降大，水流急，水量丰沛，水能资源丰富。大体说来，山体南部的河流属长江水系，山体北部的河流属汉江水系。山体东北面有六七条较大河流注入南河而后在保康县汇入汉江；山体北面和西北面有 4 条较大河流流入堵河，经房县、竹山县汇入汉江。东面和东南面有 5 条较大河流注入香溪河，经兴山、秭归县汇入长江；南面有两条较大河流注入沿渡河，经巴东县汇入长江。

1.1.5 珍稀动植物的避难所和丰富的生物多样性

如上所述，神农架是一个古老的地块，自中生代侏罗纪—白垩纪发生的燕山运动隆升成陆以来到现代，一直为陆地，加之原始封闭，人迹罕至，因而保留有许多珍稀古老的动植物种类，如铁线蕨可作为第三纪植物与气候的见证，珙桐、杜仲等也是稀有的植物种类。

同时，由于自然垂直带明显，又处于中亚热带与北亚热带、东部平原丘陵与西部高原山地的过渡地带，独特的自然地理环境和立体小气候，使神农架成为中国东西南北植物种类的过渡区域和众多动物繁衍生息的交叉地带。

神农架植物区系的主要成分有三，即西南大巴山脉成分、西北秦岭山脉成分和华中区系成分。神农架属大巴山东缘，其植物成分与大巴山区和川东地区关系十分密切，它们的一些较大的、主要的科属及一些特有种都很一致，如楠木、杜仲、连香树、华西枫杨、米心水青冈、峨眉蔷薇、铁坚杉、巴山冷杉、巴山松等。秦岭为我国亚热带与温带的自然界限，秦岭—武当山脉与神农架相毗邻，因此神农架植被也有部分秦岭山脉成分，如华山松、白皮松、秦岭冷杉、黄连木、红桦、山杨、太白槭等。神农架位于华中地区，当然更多地具有华中区系植物成分，常见的有马尾松、穗花杉、青檀、鹅掌楸、八角枫、中华猕猴桃等。上述三种植物区系成分，汇合于神农架，成为主要建群种属，常组成大面积的纯林或针阔混交林。

神农架地质历史悠久复杂，山体高大，植被具有明显的垂直分带，按海拔不同由低到高可分成 6 个植被带。

1）常绿阔叶林带：分布于海拔 800 m 以下的低山丘陵地带，主要代表有小叶青冈、曼青冈、刺叶栎、巴东栎，并有少量马尾松与柏木。由于此地带广为开垦，地带性植被受到破坏，只有小片分布，而农作物与经济果木更为多见。

2）常绿阔叶与落叶阔叶混交林带：分布于海拔 800～1 500 m 的中低山地带，常绿阔叶林成分较纯，面积较小，主要分布于南坡之上，主要代表有青稠林、刺叶栎林、曼椆林、巴东栎林和蚊母树林。落叶阔叶林占有较大面积，其中还有少量的针叶与常绿阔叶成分，主要代表有栓皮栎林、茅栗林、抱栎林、化香林与鹅耳枥林。此外还有部分马尾松林和杉树林。

3）落叶阔叶林带：分布于海拔 1 500～1 800 m 的中山地带，主要有枹栎林、槲栎林、山毛榉林、山杨林、化香林、鹅耳枥林等落叶阔叶林，林中也混杂少量的常绿叶种属，如刺叶栎、小叶青冈、圆锥柯等。

4）针阔混交林带Ⅰ：分布于海拔 1 800～2 400 m 的中山地带，针叶林与落叶阔叶林各自成群落相间分布。华山松林是最主要的针叶林，面积大、分布广，且多为纯林。落叶阔叶林则成分较复杂，主要有槲栎林、山毛榉林、山杨林、红桦林。

5）针阔混交林带Ⅱ：分布于海拔 2 400～2 600 m 的中山地带，其显著特点是由华山松、巴山冷杉等针叶树和山杨、红桦、槭树等落叶阔叶树种杂居于同一群落之中，组成真正的针阔混交林。特别值得一提的是，林中常杂有其他喜冷湿的云杉、冷杉种属，如巴山冷杉、青杆、麦吊云杉。

6)针叶林带：分布于海拔 2 600 m 以上的中高山地带，主要是由巴山冷杉组成的原始森林。

1.1.6 典型的垂直自然带分异

神农架自然环境受地形控制，垂直分异特别明显，按海拔高低不同可分成 4 条不同的自然带，各带的特征如表 1-2 所示。

表 1-2 神农架垂直自然带基本特征

自然带	海拔	气候	植被	土壤	农林生产
亚热带山地常绿阔叶林—黄壤带	800 m 以下	亚热带山地季风气候：冬干凉、夏雨暖。年降水 1 200～1 300 mm，年均温 13.4～18℃	主要为小叶青冈林、细叶青冈林、刺叶栎林、巴东栎林、农作物与果树林，经济林木	山地黄壤：富铝化过程明显，有机质含量较高，呈酸性反应，心土层有黏粒淀积	粮食作物、水果、经济林木
亚热带山地常绿阔叶与落叶阔叶混交林和暖温带山地落叶阔叶林—黄棕壤带	800～1 800 m	亚热带和暖温带山地季风气候：温暖湿润，年降水 1 300～1 550 mm，年均温 7.2～13.4℃	小叶青冈林、刺叶栎林、巴东栎林、化香林、鹅耳枥林、栓皮栎林、茅栗林、槲栎林	山地黄棕壤：腐殖质含量高，淋溶作用强，呈酸性反应，心土层有黏粒淀积	水果、经济林木、粮食作物
温带山地针阔叶混交林—棕壤带	1 800～2 600 m	温带山地季风气候：温和湿润，年降水 1 550～1 700 mm，年均温 2.5～7.2℃	华山松林、槲栎林、山毛榉林、桦林、水杉林	山地棕壤：有机质含量高，呈中性反应，淋溶作用弱，黏化过程明显	林业、豆类、麦类
寒温带山地针叶林—暗棕壤带	2 600 m 以上	亚高山冷湿气候：长冬无夏，春秋相连，降水 1 750～1 900 mm，年均温 0～2.5℃	巴山冷杉及少数云杉林	山地暗棕壤：灰分含量高，有机质与盐基成分丰富，淋溶与灰化过程均不明显	林业

1.2 大九湖自然地理概况

1.2.1 地理位置

大九湖位于神农架林区的最西端，是三省六县交界的中心，距林区政府松柏镇 165 km，见图 1-3。其地理坐标为东经 109°56′～110°11′、北纬 31°24′～31°33′，其南部、西部与重庆市的巫山县接壤，西北部与竹山县为邻，北部与林区东溪乡交界，东部在猴子石一带与神农架自然保护区相连，大致以响水、小界岭和本区最西角为三个顶点，呈一个不规则的顶角朝西的等腰三角形。大九湖是一群山环抱的封闭的岩溶盆地，盆地有自身独立的分水岭，流域面积为 43.2 km²，盆地底部海拔 1 760 ～1 700 m，面积约 16 km²。

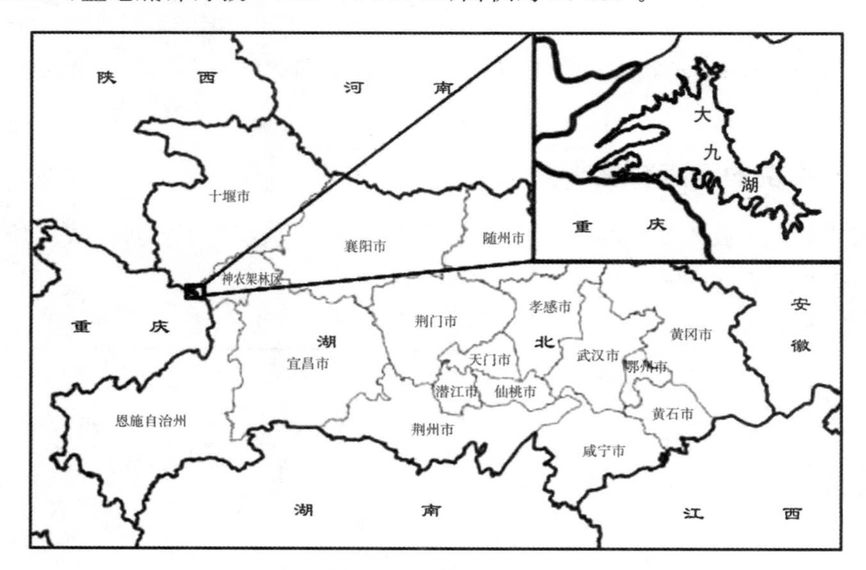

图 1-3　神农架大九湖区位图

1.2.2　地质地貌

大九湖盆地位于我国地势第二级阶梯的东部边缘，由大巴山东延的余脉组成亚高山台原型峰丛洼地，盆地底部海拔 1 730 m，盆地外围为海拔 2 200 ～2 400 m 的陡峭中山，山顶高出盆地底部 500～800 m，其中最高点是位于湿地中部的霸王寨主峰(2 625.4 m)。盆地周边山体岩性为白云岩、白云质灰岩等碳酸盐岩组成，加上神农架地区雨水充沛，植被发育良好，在第三纪、第四纪冰川侵蚀作用下，使峡谷地形复杂，山峦起伏多变，中间地势平坦，成为高山草甸和自然泥炭沼泽湿地。

盆地内侧为发育较宽阔、坡度较缓的台地，海拔 1 740～1 760 m，由更新世中期-晚期的黄土状堆积物构成，上部为黄褐色亚黏土，下部为棕黄色亚黏土，并含有潜育化灰白绿色条带，厚度达 5 m 以上。

台地以下是更新世晚期至全新世初期形成的一级阶地，高出河漫滩 1～2 m，堆积灰黄色亚黏土向下渐变为黄白色，厚 2～4 m，由于流水的侵蚀切割，一级阶地仅在局部残存。

阶地以下是广阔的全新世中期形成的冲积—洪积扇缘、高河漫滩，高出河面 1～2 m，泥炭沼泽就发育在这一地貌部位上，沿河流两侧是低河漫滩，高出河面 0.5～1 m，堆积现代河流冲洪积的亚砂土-亚黏土，厚 1～3 m。

大九湖位于神农架短轴穹隆背斜的西南翼，岩层近于直立。第四纪以前各时代的地层除泥盆系、石炭系、侏罗系以及第三系缺失外，自元古界至三叠系在本区均有出露，但以震旦纪、寒武纪和奥陶系灰岩和白云岩为主，仅在西缘有少量的志留系—泥盆系和二叠系砂页岩。板桥大断裂在境内长约 40 km，呈北西方向延伸。另外，根据区域构造、地层岩性、地形地貌特征并结合卫星遥感影像和野外调查综合分析，大九湖盆地可能还存在 5 条主要的断层，需要进一步的勘探来证实。大九湖地貌、景观见图 1-4～图 1-7。

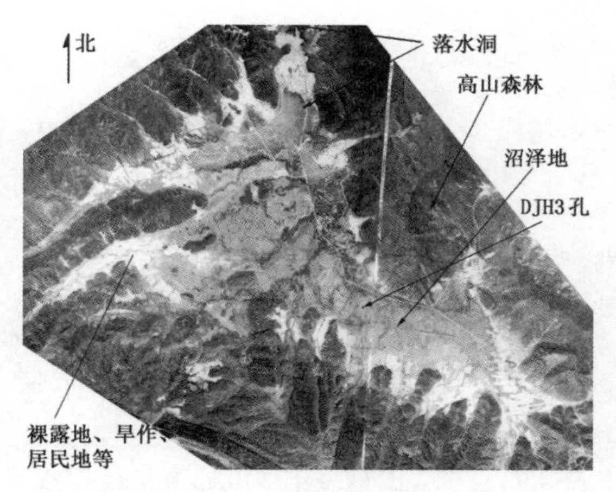

图 1-4　大九湖航空照片(1990 年)

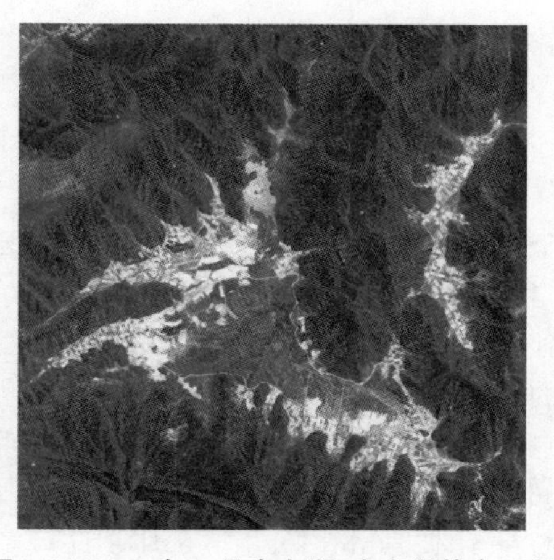

图 1-5　2005 年 6 月大九湖、小九湖快鸟卫星高分辨率影像

图 1-6　神农架大九湖盆地现代自然景观(2000 年 7 月)

图 1-7　大九湖沼泽地周边的村落和庄稼地(2000 年 7 月)

1.2.3 气候与水文

大九湖湿地地处中纬度北亚热带季风气候区，属亚高山寒温带潮湿气候。日照时间短，气候温凉。年平均气温 7.4℃，最冷月 1 月，日平均气温－4.3℃，无霜期短，只有 144 d，大于等于 10℃的活动积温 2 099.7℃。年降水量 1 528.3 mm，降水丰富且分布均匀，云雾天气较多，相对湿度大于 80%。全年日照 1 000 h 左右，平均每天日照 2.7 h。冬长夏短、春秋相连的独特气候条件造就了大九湖独特的亚高山湿地资源。由于流域内山势高大，也表现出明显的垂直气候特征。

根据当地气象观测，大九湖历年各月平均降水量最多为 241 mm（7 月），最少为 25.6 mm（1 月），据实测资料统计，发生大于 50 mm 的日暴雨平均每年 4.1 次，历史最大日暴雨量 184.6 mm（1983 年 9 月 8 日），多年平均降水日数 125 d，最多年降雨日 165 d。

神农架大九湖湿地雨量充沛，且年内分配比较均匀，蒸发小、湿度大，年径流量十分丰富，河流含沙量低；主体部分大、小九湖盆地总汇水面积 5 721 hm^2，区域内有黑水河和九灯河两条溪流，均汇入落水孔，属堵河水系。

大九湖内的河流，河床窄小，一般宽 1～3 m，由于地势平缓，水流坡度小，流速慢，曲流非常发育，但迂回幅度小，河流皆为断头河，较大河流汇入大九湖西北侧暗河进口（落水洞）之中，溪流、小河在中途消失于石灰岩裂隙和小的溶洞中。由于盆地封闭，无其他排水通道，而岩溶洞穴又不能通畅排水，因而地下水位普遍较高，在盆地中部广阔低平的河漫滩地带，地下水位接近地表。大九湖流域范围示意图见图 1-8。

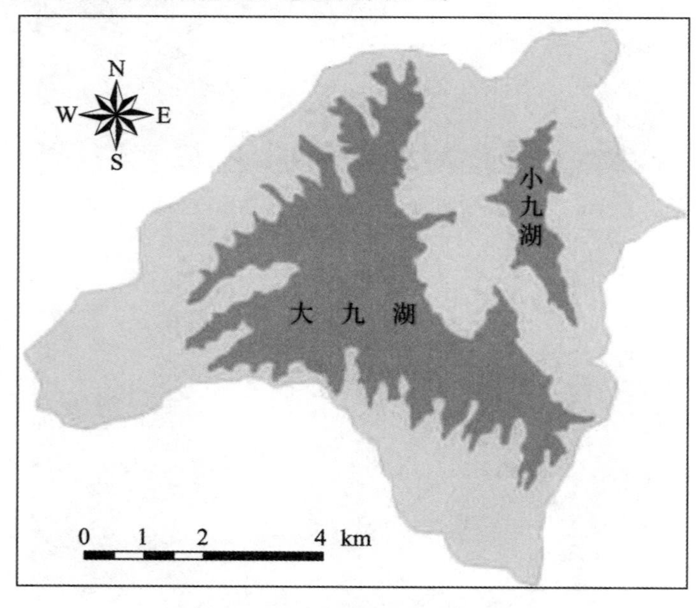

图 1-8 大九湖流域范围示意图

1.2.4 土壤与植被

大九湖湿地的土壤，成土母岩主要为冲积物和湖积物，受地下水位的影响，从中心向四周依次分布有沼泽土、草甸沼泽土和草甸土，耕作土壤多为黄棕壤、棕壤、紫色土、潮土，以大九湖沼泽土分布最为典型。

大九湖高山湿地面积虽然不大，但植物种类较为丰富，群落类型多样。主要高等植物种类组成的优势科为莎草科、禾本科、蓼科、灯心草科、蔷薇科等。

根据湿地植物属的现代地理分布，其地理成分复杂，湿地植被的区系比较复杂，联系广泛，主要类型有世界分布、温带分布、泛热带分布等。世界分布属主要有香蒲、狸藻、薹草等；温带分布类型较多，如木贼、毛茛、黑三棱、地榆等；泛热带分布的有灯心草等。神农架大九湖高山湿地的区系主要以温带成分为主。

沼泽中埋藏有泥炭，其最大厚度达 3.5 m。泥炭外观呈黑褐色，具松软纤维状结构，分解度 20%～35%，可见植物残体的根茎，泥炭层向下逐渐过渡为粉砂质黏土，再向下为粉砂角砾层。

大九湖湿地的植被以草甸植物和沼泽植物为主，在地势较高和排水通畅的地区（如落水洞附近）为杂类草草甸，主要组成植物有芒草、拂子茅、云南蓍等。在泥炭沼泽发育的地段，主要是刺子莞、薹草两大群系，地表植物有金发藓、镰刀藓、泥炭藓等。泥炭藓集中生长在泥炭地中央，以垄岗状凸起的藓丘形式发育。在河边和地势较高地段，生长单株或成片的鼠李、槲栗等木本植物，远处看去呈稀树草甸的自然景观。

第二章

神农架大九湖独特的地貌和岩溶水文地质

2.1 大九湖地区的冰川地貌

关于大九湖地区的冰川作用，前人曾做过一些调查研究。1943 年，郭令智等在该地区确定了一些冰蚀地貌和冰碛物（郭令智，1943）。1986 年景才瑞又对大九湖地区更新世冰川遗迹做了专门的实地调查（景才瑞 等，1986），认为大九湖地区有发育较完好的更新世冰川地貌和冰碛物，其分布如图 2-1 所示。主要的冰川地貌有冰斗、冰窖、角峰、刃脊、槽谷、基岩鼓丘等。

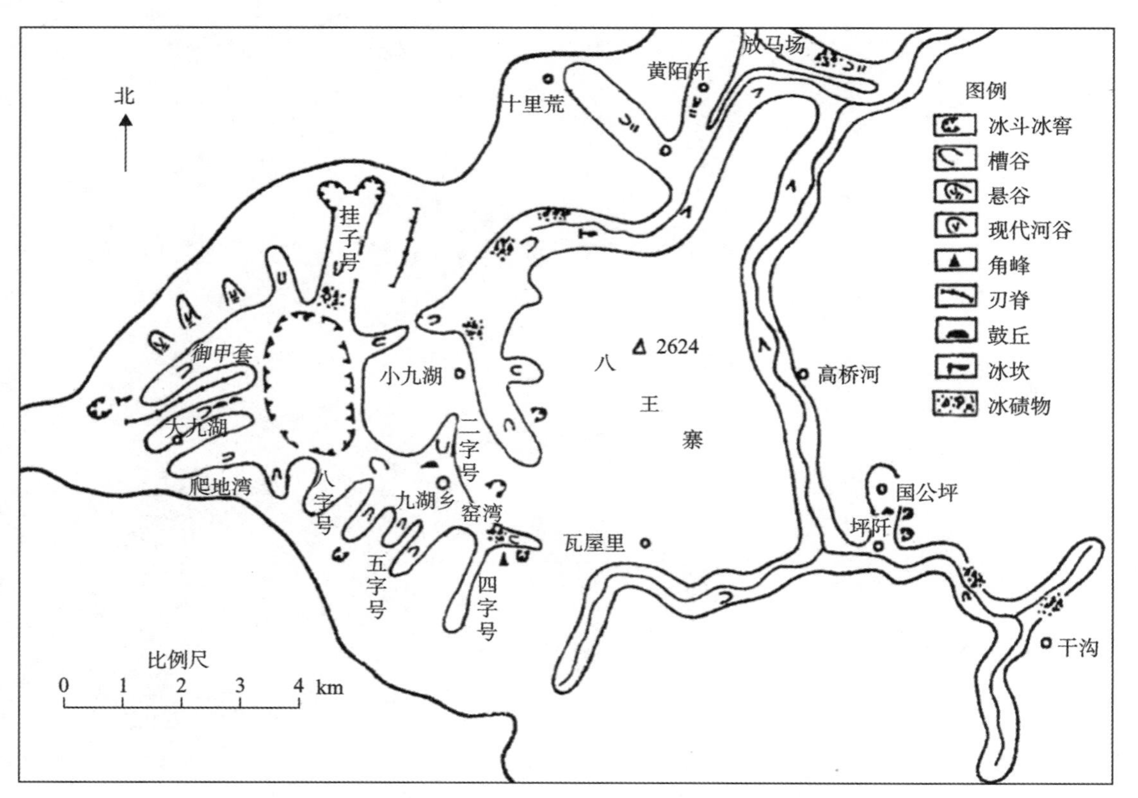

图 2-1 大九湖地区更新世冰川遗迹分布图（据景才瑞，1986）

冰斗和冰窖：散见于大九湖盆地周围的山坡上，保存较好的冰斗有两个，即窑湾冰斗和卸甲套冰斗。前者位于八王寨西南面山坡上，距大九湖乡政府所在地鲤鱼岩以东 500 m，有一马蹄形的洼地，三面环以陡峭的岩壁，坡度61°～65°。后壁高40 m，唯西南方向有一出口，宽20 m；冰斗底部海拔1 800 m，宽30 m，坡度10°～50°，悬于下部上坝槽约45 m。卸甲套冰斗位于卸甲套岩地源头及老龙脊分水岭西北侧的山坡上，是一个马蹄形的洼地，唯在东北方向有一开口，其他三面环壁，高悬于槽谷之上，底部海拔2 100 m左右，连接冰斗底部与谷地的冰坎，坡度40°～45°。此外，还有一里坡冰斗、杨家湾冰斗、挂字号冰斗等。

角峰与刃脊：在大九湖地区冰斗和冰蚀洼地的上部，有9座冰蚀角峰保存完好，它们都是不同方向开口的冰斗、冰川侵蚀后的残留部分，山坡陡峻，峰顶指天。八王寨海拔2 624 m的主峰就是一座典型的角峰，分水岭两侧相互平行的冰川槽谷发展成刃脊，呈南西—北东方向展布，最后倾伏于大九湖盆地中。

冰川槽谷：在大九湖冰蚀地貌中，冰蚀槽谷保存得最为完好，规模较大的槽谷有上坝槽谷、放牛湾三字号槽谷、一字号槽谷、挂字号槽谷。它们有两个典型特征：一是各谷地底部平坦，坡度一般在5°以下，横剖面呈“U”形谷形态；二是谷地下游原有的冰蚀地貌已被冰川后期的冲积物、洪积物覆平。

此外，在一些槽谷中散布有冰碛物，其中发现有冰川擦痕的砾石和一些超过1 m的漂砾，最大的漂砾可达5.0 m×4.3 m×2.5 m，在放牛湾槽谷北侧还残存着一小段侧碛堤。景才瑞教授等通过对这些冰碛物中砾石层的排列规律、石英砂的排列规律、细粒物的粒度组成特征、石英砂表面形态分析以及黏粒的化学元素进行了分析研究，结果都表明了大九湖的冰碛物具有典型冰碛物的应有特征。

2.2 大九湖岩溶发育特征

2.2.1 岩溶

大九湖广泛分布有寒武系和奥陶系的可溶性岩石——灰岩、白云岩、泥质灰岩、泥质白云岩等，加之降水丰沛，所以岩溶作用强烈，岩溶地貌普遍发育。岩溶正地形有石芽、孤峰、丘陵等，岩溶负地形有溶沟、落水洞、喀斯特洼地等，地下岩溶地貌有溶洞、地下河等。

2.2.2 落水洞

落水洞是地表水流入地下的进口，表面形态与漏斗相似，是地表及地下岩溶地貌的过渡类型。它形成于地下水垂直循环极为流畅的地区，即在潜水面以上。落水洞的形成，在开始阶段，是以沿垂直裂隙溶蚀为主；当孔洞扩大以后，下大雨时，地表大量流水集中于落水洞，冲到地下河，洪水携带着大量的泥沙石砾往下倾泻，对洞壁四周进行磨蚀，使落水洞迅速扩大；有时岩体崩塌，也可使落水洞扩大。因此落水洞是流水沿垂直裂隙进行溶蚀、冲蚀并伴随部分崩塌作用的产物（见图2-2、图2-3）。

落水洞也不是一直向下贯通的，当地表水下透一段路程之后，落水洞就会顺着岩层的倾斜方向，或者节理的倾斜情况而发育。由于落水洞常沿构造线、裂隙和顺岩层展布方向呈线状或带状分布，因此是判明暗河方向的一种标志。

图 2-2　大九湖的落水洞

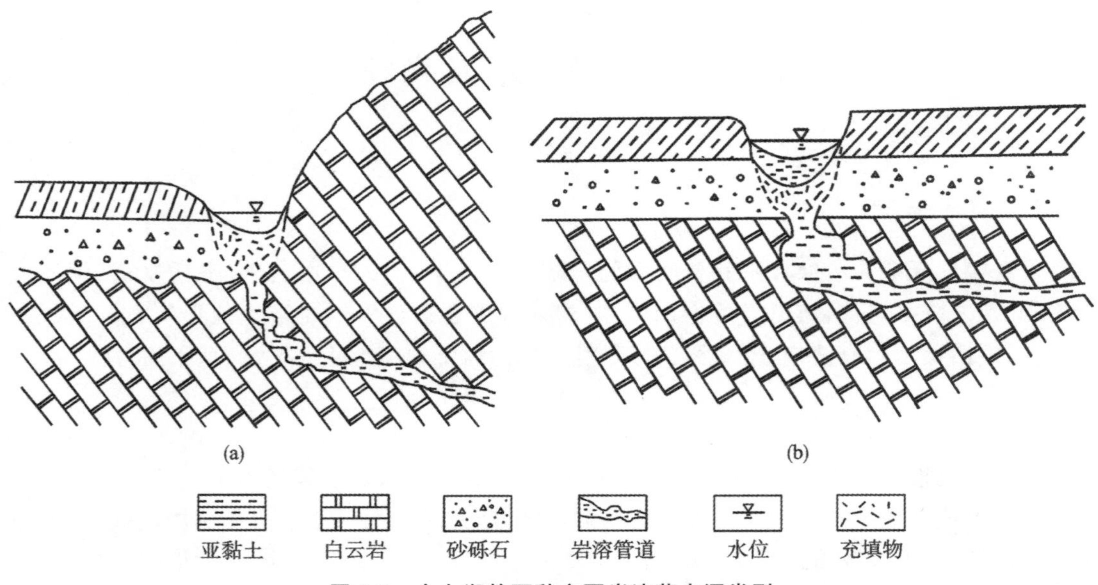

图 2-3　大九湖的两种主要岩溶落水洞类型

(a)图为第四纪冲洪积平原与山地交接处发育的落水洞。这类落水洞有塌陷和积水坑，也有无明显塌陷和积水坑，地表汇水从沿白云岩或灰岩层面发育的溶隙排走，前者容易在高分辨率遥感影像中辨认，后者不易。

(b)图为第四纪冲洪积平原内部的落水洞。这类落水洞因为地表汇水较少，塌陷坑上部的充填物没有被流水带走，汇水以渗透方式排入地下，有少量积水或干枯，表面多生长湿生植物，如蓼等，在高分辨率遥感影像中容易分辨，但不要与遗弃河道积水坑混淆。

落水洞在神农架地区是十分常见的岩溶地貌，其中又以大九湖的落水洞最为典型。大九湖的落水洞和岩溶塌陷主要在海拔 1 738～1 762.63 m 处，从发育的地貌部位看，则主要分布在盆地边缘/山前地带。其中，以盆地北侧挂字号周围的落水洞最多，形成落水洞群，其海拔为 1 746.83～1 738 m，这里是大九湖盆地最低洼的部位，整个盆地的地表水和地下水都汇集到这里，所以这里的落水洞也最大。大九湖盆地的主要河流——黑水河，汇集了整个盆地的地表水，原来的主要排泄出路在南侧的几个落水洞，最近几年修建了排水系统并对北侧的落水洞进行了疏通，现在这个落水洞成了盆地地表水的主要排泄口(图 2-4、图 2-5、图 2-6)。

另外一个落水洞群的分布高程要稍高一些，在 1 752.83～1 762.41 m，位于盆地西部九灯河一带。在盆地南缘的山前地带也有一些落水洞零星分布(图 2-7)。

图 2-4 大九湖最大的落水洞

位于大九湖盆地西北山脚下，北纬 31°0.74′，东经 109°59.17′。由 3 个落水洞连在一起组成，最大的一个形成于 2002—2003 年，呈近椭圆形，长轴 28 m，短轴 25 m，深约 8 m。大九湖大部分地表水通过开挖的渠道汇集于此，流入这三个落水洞中，然后通过地下暗河流出盆地。左图为 2006 年 8 月干枯时的照片，右图为 2005 年 6 月积水时的高分辨率卫星影像。

图 2-5 大九湖落水洞

位于大九湖盆地西北部挂字号中央，坐标北纬 31°0.74′，东经 109°59.17′。圆形，直径约 20 m，深约 2 m，中央经常性积水，周围生长蓼。左图为 2006 年 8 月干枯时的照片，右图为 2005 年 6 月积水时的高分辨率卫星影像。

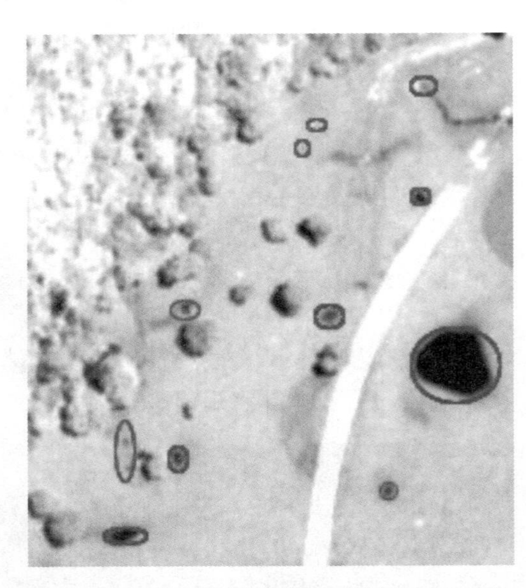

图 2-6　大九湖落水洞群的高分辨率卫星影像

图的右侧最大的落水洞位于北纬 31°0.525′，东经 109°59.29′。圆形积水坑，现已干枯，直径约 20 m，底部比地面低 1.2 m，中间最低处长满蓼草。

图 2-7　大九湖落水洞群

该落水洞群呈串珠线状分布，其地下可能有地下溶洞（暗河）。塌陷周围保留了灌丛、灌草，中间凹陷处长蓼等植物。

2.2.3 溶洞

在大九湖仅发现一处溶洞。大九湖的溶洞位于盆地北缘二字号西侧公路旁，位于北纬31°29.495′，东经110°0.268′，为一悬挂溶洞，洞口高约0.8 m，宽1.2 m，呈干枯状态（图2-8）。其位置高出公路路面2～3 m。

图 2-8　大九湖的溶洞

另外在小九湖有一大型溶洞，溶洞位于小九湖盆地中部东缘山前，洞口高度约5 m，宽约7 m，洞口地面略高于盆地地面；洞内有一大厅，有水流声（图2-9）。目前，该溶洞的规模还没有勘明，也没有开发，但从其洞内前厅看，应该有一定的开发旅游价值。该洞应该是小九湖盆地未被外界河流袭夺前地表水的排水出口。

图 2-9　小九湖的溶洞

2.2.4 大九湖暗河

大九湖暗河位于九湖乡南东（SE50°）700 m，出露于神农架群上寒武系三游洞群（$\epsilon_3 sn$）白云岩中，海拔1 600 m，流量达884 L/s，水质属$HCO_3-Ca-Mg$型，矿化度为0.15 g/L，属谷坡型暗河。

2.3 大九湖地质

大九湖位于神农架短轴穹隆背斜的西南翼，岩层近于直立。第四纪以前各时代的地层除泥盆系、石炭系、侏罗系以及第三系缺失外，自元古界至三叠系在本区均有出露，但以震旦系、寒武系和奥陶系灰岩和白云岩为主，仅在西缘有少量的志留系—泥盆系和二叠系砂页岩。

2.3.1 构造

板桥大断裂：出露于板桥河、高桥河、墨池垭一带，境内长约 40 km，呈北西方向延伸，断面倾向南西，倾角 70°～80°，在板桥一带断裂呈现分支、复合现象，断层上盘上升（断裂两侧地层多为震旦系，亦有下寒武统和神农架群）产生强烈的挤压破碎，形成复杂的断褶带，沿断裂带常有山崩发生，近代该断裂尚有活动。

大九湖盆地的推测断层：根据区域构造、地层岩性、地形地貌特征并结合卫星遥感影像和野外调查综合分析，大九湖盆地可能存在 5 条主要的断层。断层 I1：发育于短轴背斜的轴部，走向北东东，从九灯河经过养鹿场北侧穿过盆地中央，沿弯弯亚山沟延伸到小九湖。断层 I2：为断层 I1 的分支，沿御甲套山沟一带发育，向东穿过盆地中央并与断层 I1 汇合。断层 I3：发育于盆地南缘，走向北西西，从盆地西南角开始，切过盆地南缘各个山梁的山嘴前，延伸到御甲套一带与断层 I1 汇合。断层 I4：该断层是与断层 I3 平行的姐妹断层，位于断层 I3 的南缘，切过盆地南缘各个山梁的山嘴前，延伸到御甲套一带与断层 I1 汇合。断层 I5：纵贯整个大九湖盆地中央，沿鬼门关峡谷向北延伸到大九湖农场老场部，然后转向北北东，过盆地中央一直延伸到十里荒。在上述断层中，I1～I4 应该是伴随着短轴背斜的形成而发育的同一个时期的断层，而断层 I5 则可能是之后才发育的不同时期的断层。需要指出的是，这些断层都是根据现有资料推断的，还需要进一步的勘探来证实。

神农顶短轴背斜：位于神农顶、望农亭一带，背斜轴向北西，长 5 km，宽 4 km，呈近圆形。核部由神农架群乱石沟组、大窝坑组、矿石山组和台子组组成。背斜核部见有辉绿岩的侵入体分布，背斜的北东翼以石槽河断裂与木鱼坪向斜相连，南部受韭菜垭子断层所切割，背斜的南西翼受独木坪断层所破坏。

木鱼坪向斜：位于酒壶坪、木鱼坪、红花坪一带，向斜长 27 km，宽 1～5 km，向斜的北端与刘家屋场向斜相重合。向斜南端呈喇叭状。在木鱼坪与红花坪之间，向斜轴略错开呈斜列式。向斜的地层由震旦系、下寒武统组成，北东与南西两翼就以北西向的断裂分别与神农架的短轴背斜九冲河—邱家坪背斜和梨花坪背斜相接触。

2.3.2 地层

大九湖地区发育的地层：元古界神农架群、震旦系(Z)、寒武系(Є)、奥陶系(O)、第四系(Q)。其中，元古界神农架群、震旦系(Z)、奥陶系(O)地层主要分布于大九湖盆地周围；寒武系(Є)、第四系(Q)主要分布于湖盆里。

2.4 大九湖盆地的成因

关于大九湖盆地的成因，可能有多种外营力在同时起重要作用，即岩溶、冰川和流水作用。大九湖盆地基底主要为寒武系石灰岩，而且整个盆地的汇水或渗入地下岩溶裂隙中，或汇入西北部的溶水洞中，然后通过暗河流出盆地。因此，可以肯定岩溶作用在盆地的形成过程中起了十分重要的作用。可以认为，大九湖盆地是第四纪冰川侵蚀、流水侵蚀和岩溶溶蚀的共同作用下形成的。在冰期，以冰川侵蚀作用为主，冰川把大量的冰碛物带到盆地中央低洼处。在间冰期，则以流水侵蚀和岩溶溶蚀作用为主，冰川和流水作用的结果是趋于把地表夷平，把高处的物质带到低处，是一种均衡作用；岩溶作用则是一种差异侵蚀作用，高处由于汇水少，溶蚀得就少，盆地低洼处汇水丰富，因而溶蚀作用就特别活跃，是一种"马太效应"，这种作用趋于把盆地溶蚀得愈来愈低。典型的岩溶地貌"天坑"就是这种作用的结果。溶蚀掉的物质随流水进入溶洞或渗入地下通过暗河流出盆地。

因为在封闭的大九湖盆地并没有地表径流流出盆地，如果只有冰川和流水作用，则侵蚀和堆积的物质是均衡的，那么，山峰会越侵越低，盆地中央则被越堆越高。在加入岩溶作用后，这种平衡被打破，盆地内部的碳酸盐物质被溶蚀后，源源不断地被地下岩溶暗河系统输出盆地流域之外，因而盆地中央才愈来愈低。

2.5 大九湖泥炭的层位和赋存特征

大九湖在山地冷湿气候条件下形成了高山泥炭沼泽。泥炭堆积最厚达 3 m，泥炭平均堆积速率为 0.453 cm/a。泥炭底界为晚更新世末期。泥炭底部基岩为寒武纪白云岩。

本区泥炭直接出露地表，为现代表露泥炭，依植物残体组成和分解度不同可分为 3 层。

上层：泥炭藓泥炭，黄褐色或黄绿色（表层），主要由泥炭藓的残体组成，持水量大，灰分很少，分解度为 20%～40%，厚度通常 60 cm 左右，极少超过 100 cm，分布面积比较小，相当于整个泥炭地的 6%，主要分布在矿区的北部和东南部较高处。

中层：以薹草、刺子莞为主要成分的草本泥炭，棕色，分解度 40%左右，灰分含量较大，厚 50～200 cm，遍布全矿区，是矿区分布最广最厚的泥炭，除中部和北部小面积被上层泥炭所覆盖外，绝大部分直接出露地表。在较厚的泥炭层中，有时有亚黏土透镜体夹层。

底层：草本泥炭，底部含有少量木本残体，灰分含量最多，分解最好，分解度一般在 50%左右，有的呈稀泥状，深棕色或黑褐色，分布范围较窄，占矿区泥炭地的 20%，集中在矿区中部和北方，也就是泥炭堆积原始地貌的最低洼处。

大九湖各层泥炭的理化性质如表 2-1 所示。

表 2-1　大九湖各层泥炭的理化性质

编号	1	2	3	4
采样地点	VI线1孔	VI线1孔	VI线1孔	VI线1孔
地貌部位	高河漫滩	高河漫滩	高河漫滩	高河漫滩
深度/cm	0～30	50～115	115～210	245～290
层位	上层	中层	中层	下层
分解度/%	20	35	40	55
吸湿水/Wf	15.20	13.73	14.52	6.06
pH值	—	4.36	4.56	5.45
灰分/%	15.58	26.46	13.89	69.73
发热量/($kcal \cdot kg^{-1}$)	3 897	2 071	4 977	—
腐植酸/%	29.06	58.62	60.21	26.14
全氮/%	0.99	2.64	2.16	0.82
全硫/%	0.14	0.28	0.22	0.09
碳/%	54.44	58.17	59.62	60.09
氢/%	5.53	6.38	5.81	7.38
植物残体	泥炭藓、薹草	薹草、刺子莞、泥炭藓	刺子莞、薹草	刺子莞、薹草

第三章

神农架大九湖湿地环境演变与人类活动影响

3.1 大九湖历史环境变迁

根据大九湖沼泽的钻孔资料分析，大九湖虽分布于亚高山森林地区，但是起源于陆地沼泽化中的草甸沼泽化。沼泽沉积相主要为洪积-沼泽相和坡积-沼泽相。沼泽底板沉积物是灰-灰绿色砂质黏土，主要矿物有石英，次为少量钙长石和云母。剖面勘探未发现灌相、河漫滩相及牛轭湖相等沉积物，也未发现典型的湖相沉积物——腐泥及水螺介壳、鱼类化石等。同时，泥炭和底板沉积物中无木本植物残体。因此，大九湖湿地自然演变过程为：草甸—沼泽—湖泊(图 3-1)。

图 3-1　大九湖湿地自然景观

大九湖是一个十分偏远的地方，由于山高路远，自古以来人烟稀少，即使现在，要到达这里也不容易。在一个相对封闭而稳定的环境中，大九湖的泥炭得以连续堆积，外来的干扰很少，这使得大九湖的泥炭成为研究自然环境变化记录的理想载体。但人类活动和洪水也可能会对泥炭产生一定的影响，特别是分布在沼泽周边的泥炭。

大九湖是一个封闭的高山小盆地，而且降水充沛，夏季暴雨来临时，周围群山的雨水通过沟谷汇集到盆地底部，部分通过西北部的落水洞群排入地下，部分通过第四纪沙砾石层渗入地下，地下水最终全部要通过一个地下岩溶管道系统或者说地下暗河排出盆地，暗河的排水能力是十分有限的，据估计，其最大排泄能力为 36 m^3/s，由于来不及排走的水暴涨成洪水，于是常常在夏季发生洪水。

3.2 人类活动对大九湖湿地的影响

大九湖水利工程直接影响和制约着湿地演变和土地利用结构的变化。新中国成立初期，大九湖湿地基本保持着自然的状态。大九湖盆地仅有居民约 250 人，维持在自给自足的农耕自然经济状态。这时期，约有耕地 100 hm^2，主要分布在 1 760 m 等高线以下、盆地土壤潜育线(1 744.5 m)以上，以农耕为主，兼有牛羊畜牧和狩猎。落水孔地带漏斗出露不明显，泄水能力较小，因而沼泽、湖泊发育，有薹草—小灯心草勾勒的九处湖泊水面清晰可见，期间，沼泽与草甸相连，总湿地面积达 708.67 hm^2。

1950 年，大九湖只有 7 户人家，后逃荒者拥入大九湖，逐渐发展到现在近千人的大村。新中国成立后，大九湖依然隶属房县九道区管辖，称为大九湖乡。1958 年撤乡建九湖农牧场，下属各村为分场。1960 年建药材场，1970 年划归神农架林区管理，称九湖药材场。1976 年 10 月建九湖特产场，1985 年恢复大九湖乡。2001 年 3 月，神农架林区党委、政府决定将原东溪乡、大九湖乡合并为九湖乡。

1958 年建立农牧场，主要以发展骡、马、牛、猪、羊为主，后因冬季存储饲料不足，加之大雪封山时间过长，大批牲口被冻死或饿死，前后仅仅维持两年多时间。1960 年建立的药材场历经了 16 年，主要以发展独活、黄连、党参、当归、川乌为主，虽然总产量比较可观，但由于受计划经济的制约，群众生活质量并没有得到多大改善。

1958 年后人口大量增加。为了扩大耕地，人们开始疏挖落水孔，扩大盆地泄水能力，降低洪水位，为开垦耕地创造条件。经多年疏挖、开垦，至 1986 年，耕地面积扩大到 301.33 hm^2，湿地面积大体减少一半，约为 466.67 hm^2。

1986—1992 年，在大九湖开挖深沟大渠，大面积开垦人工草场，兴建梅花鹿场和细毛羊场。1995 年，当地政府通过招商引资，吸引外来商人斥资数百万元在大九湖圈地建设。2001 年，当地政府聘请农业专家现场考察充分论证后，认为大九湖湿地自然气候适合推广种植高山反季节蔬菜，并通过招商引资建起万亩高山蔬菜基地。在蔬菜基地建设过程中，进一步开挖人工排水渠，扩大围湖造田面积。数次的开发活动在当时提高了当地居民的生产生活水平，为当地经济增产增收起到积极作用，但同时也使得湿地水面逐步缩小，各类珍稀植物生存环境遭到严重破坏，多类型沼泽湿地分布急剧萎缩，湿地功能退化的趋势加剧，生物多样性锐减。

1990 年，为了减轻洪水带来的损失，改造大九湖冷浸田，也为了便于开垦沼泽，经湖北省计划委员会批准，省水利厅、省农业厅共同投资，在神农架林区政府主导下，由湖北省科技咨询服务中心水利学会分部制定了《神农架林区大九湖排涝(渍)工程可行性研究报告》,该报告以解决大九湖排水为重点,按十年一遇一日暴雨一日排完,地下水三日排完为标准,规划排水工程系统,即在原已开挖的干沟基础上按设计标准疏挖干沟,干沟深 2 m,宽 5 m,长 4.18 km;支沟 16 条,共长 20.9 km;斗沟 33 条,共长 16.802 km(图 3-2);暗管 99 条,共长 60.384 km;同时进一步疏通落水洞进水口,并在落水孔附近开辟 13.33 hm^2 调蓄区。疏挖后,落水孔进水口在调蓄区最高设计水位(约 1 738 m)时的最大泄流量为 36 m^3/s,而排水干沟末端设计的最大排水量为 46.6 m^3/s,这样,在落水孔进水口附近就形成约 45 万 m^3 的调蓄区,对洪水进行蓄积。同时,规划改良草场 220 hm^2,改良及开垦农田用地 433.33 hm^2,所以已不存在常年湖泊水面(暴雨期仍可见落水孔地带约 13.33 hm^2 的调蓄水面),大九湖湿地水面也基本上消失殆尽。在随后的一两年里,林区政府组织突击队实施了排水工程,但只完成了排水干沟、支沟和落水孔疏挖等骨干工程,田间配套工程并没有实施。

(a)干沟

(b)支沟

图 3-2 大九湖的排水干沟和支沟

排水工程减轻了洪涝渍害,促进了湿地的大规模开垦,大九湖的土地覆盖发生了根本的变化(表 3-1)。耕地面积从 1950 年的 100 hm^2 增加到了现在的 566.67 hm^2,占 1 800 m 等高线以下盆地面积的 32.9%,而湖泊沼泽面积则从 370 hm^2 减少到 18 hm^2。现在这些耕地主要种植萝卜、白菜等,同时也兼种土豆、玉米、荞麦、药材等。

表 3-1 大九湖盆地海拔1 800 m 等高线以下土地利用的变化 (单位:hm^2)

土地类型		1950 年	2006 年
耕地面积		100.00	566.67
湿地面积	高山草甸	338.67	352.00
	湖泊沼泽	370.00	18.00
林木草面积		870.67	730.67
海拔1 800 m 等高线以下土地面积		1724.00	

排水工程的建设和大规模的垦殖导致了大九湖盆地湿地生态系统的严重退化,湿地面积锐减,湖泊水面基本丧失。同时,降低了地下水位,地表水流态也从过去的漫流状态变为

渠流状态。在雨季，周围山区的降水汇流成洪水出沟口后，本来是沿洪积扇表面散开来，呈漫流状流过湿地的，现在一出沟口，就直接汇入支渠，进而迅速汇入干渠，流向主落水洞进水口。可见，排水工程彻底改变了大九湖盆地的水文过程，开垦活动改变了土地覆盖状况和湿地景观，使沼泽湿地的生态系统严重退化。据当地人反映，以前每年都有大批的候鸟如白鹤等来大九湖觅食，现在已很难再看到了这种景象了，鱼类更是少见，只有在山谷小溪流中才能看到。沼泽湿地植被也在发生演替，水生植物仅见于废弃河道和仅存的几个小水荡中，海棠等水边高等植物已向盆地中间蔓延，泥炭藓的分布范围也进一步缩小。

排水工程的建设和大规模的垦殖活动即使是从发展经济的角度来看实际上也是得不偿失的。从我们的调查结果看，由于大九湖的气候、土壤条件适宜，萝卜、白菜优质高产，收获季节与平原地区也有时间差，吸引了不少客商来收购，但是由于交通运输成本过大，收购价低得惊人。上好的萝卜田间收购价每千克仅 0.1～0.16 元，与武汉市的每千克 2.4 元的零售价相比，简直是天壤之别。许多质量稍差的蔬菜由于销不出去，要么被丢弃在田间地头，要么成片烂在地里，菜农们丰产不丰收，烂掉的萝卜、白菜还严重污染了水源。试图在泥滩沼泽地开垦耕地注定要失败，由于泥炭中含有大量的腐殖酸，即使开垦出耕地，也很难长出庄稼来(图 3-3)。

图 3-3　1992 年在大九湖开挖的排水沟以及露出的棕黑色泥炭

大规模进行农田开垦直接造成了大九湖天然湿地面积减少，湿地功能下降。从湿地总面积来看，由 708.67 hm^2 下降至 370 hm^2，减少近 50%，湖泊水面基本消失。调蓄容积由 1 200 万 m^3 减少为 200 万 m^3，减少 83.3%。由于排涝除渍工程的兴建，破坏了湿地的原始自然风貌，大片湿地变干地，湿地内的珍稀动植物数量逐渐减少，动物纷纷迁徙。同时，由于大量使用地膜、化肥、农药，农业污染加重。随着自然湿地面积的逐步减少，湿地生态功能明显下降，水生生物失去了栖息空间，生物多样性显著降低，同时风蚀加重，大片河滩地出露，土壤局部沙化，水土流失加重，流域暴雨洪水调蓄能力下降，生态环境严重恶化(图 3-4)。

2005 年成立大九湖国家湿地公园筹建工作小组，启动大九湖湿地保护与利用工作。2006 年，湖北省政协从大九湖湿地的概况，保护、恢复和利用的重要性和必要性，保护、恢复和利用的若干意见等方面，向省政府提出了加强对大九湖湿地的保护、恢复和利用的工作建议。2007 年 5 月，时任中央政治局委员、湖北省委书记俞正声，省长罗清泉率领 10 多个省直部门的负责人就神农架大九湖湿地保护与利用问题进行实地考察调研，召开现场办公会，研究解决大九湖湿地保护和利用中存在的困难和问题(图 3-5)。

图 3-4　湿地开垦成农田后的大九湖(2006 年)

图 3-5　湖北省政协专题调研大九湖湿地保护(2006 年)

2008 年 5 月，大九湖国家湿地公园管理局正式成立，开展生态保护与恢复(涉水)工程建设，完成了 11 条生态暗坝及 2 个人工湖建设，恢复 9 个亚高山浅水湖泊，营造雨季 333.33 hm^2、枯水期 200 hm^2 的水面，对湿地内无草地面进行草皮移植和绿化，退耕还林还草还泽 333.33 hm^2、荒山造林 266.67 hm^2。此一系列的举措使得大九湖湿地生态系统的水源得到保障，各类水生植物群落在湿地环境得以改善之后，分布范围增加 40%以上。

第四章 神农架大九湖水资源与水环境

大九湖是汉江一级支流堵河的源头，堵河是南水北调中线工程丹江口水库的源头之一，湖区内有黑水河和九灯河两条溪流，均汇入落水孔。由于盆地封闭，无其他排水通道，加之岩溶洞穴不能畅通排水，因而地下水位普遍较高，在盆地中部的河漫滩地带，地下水接近地表，形成独特的高山湖沼景观(潘晓斌 等，2013)

4.1 大九湖水文气候特征

大九湖具有高山草原风光特色，日照时间短，气候温凉，无霜期短，冬长夏短，春秋相连，是典型的亚高山沼泽型湿地气候。大九湖平均海拔 1 700 m，地域开阔，地形差别很大，气候冷暖不一，年平均气温 7.4℃，1 月最冷气温 −21.2℃，7 月绝对高温 34.5℃，每年 10 月飞雪，次年 4 月消融，冻土层在 30～50 cm。

大九湖流域内设有九湖坪雨量站，该站有 1956—2010 年实测资料系列，资料系列一致。大九湖多年平均降水量 1 523.2 mm，月最大降水量达 586.8 mm，发生在 1979 年 9 月。大九湖各月降水量差异较大，7 月降水量最大，占年降水的 15.9%，1 月降水量最小，占年降水量的 1.7%。5—10 月占年降水量的 76.8%，1—4 月和 11—12 月占年降水量的 23.2%。大九湖年降雨日数在 150～200 d，暴雨年平均 5.2 d，无霜期时间 154 d。全年日照少于 1 000 h，是神农架林区多雨地区，喜旱怕涝。

大九湖年最大降水量为 2 170.8 mm，发生在 1963 年，年最小降水量 919.9 mm，发生在 1966 年，最大降水量是最小降水量的 2.36 倍，降水量 C_v 值 0.21，年际变化较大。大九湖多年平均降水量等值线图见图 4-1；多年平均降水量月分配情况详见表 4-1。

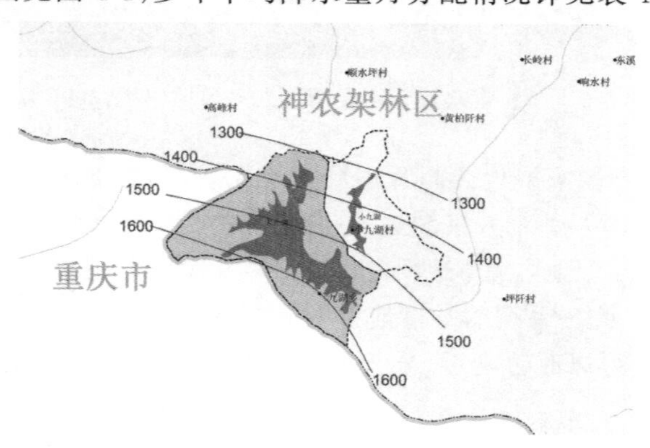

图 4-1　大九湖多年平均降水量等值线图(单位:mm)

表 4-1　大九湖多年平均降水量时程分配表

月份	1月	2月	3月	4月	5月	6月	7月	8月	9月	10月	11月	12月	合计
平均降水量/mm	25.9	39.6	68.5	124.9	187.4	208.8	242.2	191.9	199.5	140.1	65.5	28.9	1 523.2
比例/%	1.7	2.6	4.5	8.2	12.3	13.7	15.9	12.6	13.1	9.2	4.3	1.9	100.0

4.2　蒸发特性

4.2.1　水面蒸发

水面蒸发量是反映当地蒸发能力的指标，它主要受气压、气温、地温、湿度、风、辐射等气象因素的综合影响。

水面蒸发分析资料采用1956—2010年系列资料。水面蒸发量地区分布是：一般低温、湿润地区水面蒸发量小，高温、干燥地区水面蒸发量大。多年平均蒸发量地区变化趋势是西南部小，向东北部逐渐增大，全省年蒸发量变化为600～1 000 mm，鄂西堵河上游、南河上游神农架林区年蒸发量小于700 mm，为全省蒸发量最小区域。

根据全省蒸发等值线图，结合神农架和大九湖的特性，依据资料分析，大九湖多年平均水面蒸发量为643.1 mm。大九湖多年平均水面蒸发量等值线图详见图4-2。

根据1956—2010年的实测资料计算分析，大九湖水面蒸发量月分配过程见表4-2。

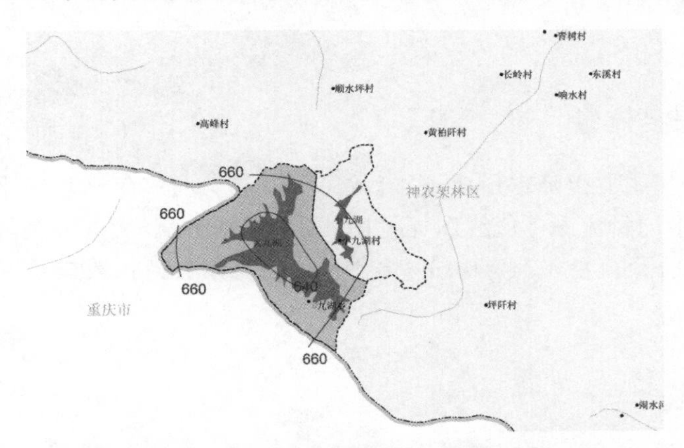

图 4-2　大九湖多年平均水面蒸发量等值线图(单位:mm)

表 4-2　大九湖多年平均水面蒸发量月分配表

月份	1月	2月	3月	4月	5月	6月	7月	8月	9月	10月	11月	12月	合计
平均蒸发量/mm	21.9	24.4	40.5	65.0	71.4	74.6	79.7	86.2	65.6	50.2	37.9	25.7	643.1
占年蒸发量/%	3.4	3.8	6.3	10.1	11.1	11.6	12.4	13.4	10.2	7.8	5.9	4.0	100.0

大九湖多年平均水面蒸发量全区以 1 月最低，占年蒸发量的 3.4%；8 月最大，占年蒸发量的 13.4%。连续 3 个月水面蒸发量以 6—8 月最大，占年蒸发量的 37.4%，12 月至第二年 2 月最小，占年蒸发量的 11.2%。

4.2.2 陆面蒸发

陆地蒸发量包括土壤蒸发、植被蒸散发和陆面水体蒸发，除了受气候条件影响外，还与下垫面供水状况有关，故数值上比水面蒸发小。多年平均陆面蒸发量是根据水量平衡原理，由降水量减去径流量求得，因此陆面蒸发量的地区分布与降水、径流的地区分布密切相关。

根据资料分析，大九湖流域多年平均陆面蒸发量为 419.3 mm。

4.2.3 干旱指数

干旱指数是反映气候干湿程度的指标，以年水面蒸发能力(E)与年降水量(P)之比表示，即 $\gamma=E/P$，当蒸发能力超过降水量，说明该地区偏于干旱，蒸发能力超过年降水量愈多，即 γ 值越大，干旱程度就愈严重；$\gamma<1.0$ 时，该地区气候湿润，当干旱指数 $\gamma<0.5$ 时，该地区气候十分湿润。

大九湖流域干旱指数如下：

$$\gamma=E/P=643.1/1\,523.2=0.42$$

γ 值<0.5，说明大九湖流域属十分湿润区。

4.3 水资源状况

4.3.1 地表径流量

大九湖流域径流主要由降水形成，径流的总分布趋势与多年平均降水量分布趋势基本一致，大九湖多年平均径流深等值线图详见图 4-3。根据分析，大九湖流域多年平均径流深为 1 103.9 mm，折合径流量 4 747 万 m^3，多年平均径流系数为 0.725。

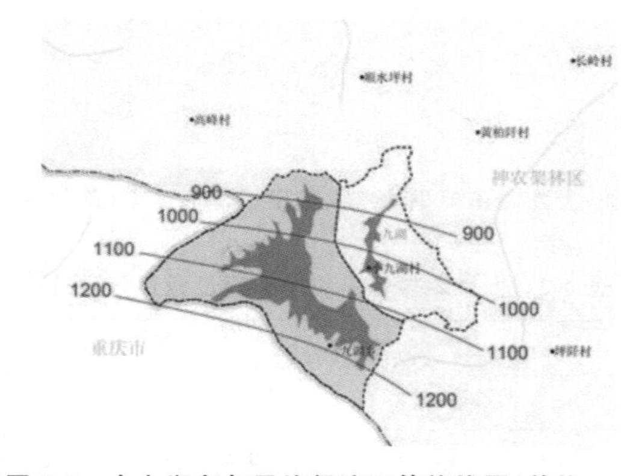

图 4-3 大九湖多年平均径流深等值线图(单位:mm)

大九湖径流季节性变化很大，根据资料分析，4—9月径流占年径流的75.9%，1—3月及10—12月占年径流的24.1%。

4.3.2 地下水资源量

(1)地下水含水层与化学类型含水层

大九湖地下水类型可分为第四纪松散岩类空隙水、碳酸盐岩类岩溶水、碎屑岩类裂隙水。

1)第四纪松散岩类孔隙水：分布于盆地底部，面积约6 km^2，由第四纪冲洪积沙砾石和含砾亚砂土组成，厚度1～20 m不等，盆地中部厚度最大。多年平均径流模数为0.967 L/(s·km^2)，多年平均径流量184 675 m^3/a。第四纪松散岩类孔隙水的补给来源主要有降水入渗补给，河流、沼泽湿地以及大九湖湖泊等地表水体的入渗补给、山前裂隙和岩溶水的侧渗补给。此外，由于大九湖常年潮湿多雾，凝结水的入渗补给也是不可忽视的来源。孔隙水的径流方向和地表的河流基本一致，其主要的排泄去路是下伏的岩溶含水层。

2)碳酸盐岩类岩溶水：主要分布于本区的寒武系和奥陶系灰岩和白云岩中，是本区的主要含水层，广泛分布于盆地底部和周围山区。该含水层在盆地底部被第四纪松散沉积物覆盖，构成埋藏型岩溶地下水。白云岩、灰岩加上后期的岩溶溶蚀作用，发育了地下岩溶系统。

在山区，碳酸盐岩类岩溶水是直接接收降水入渗和注入式补给。在岩溶化程度较高的地区，以注入式补给为主，即大气降水直接通过岩溶洼地、漏斗、落水洞和溶蚀裂隙补给地下水。

3)碎屑岩类裂隙水：主要是页岩、粉砂岩和泥质砂岩中的裂隙水，水量相对贫乏。炭质页岩、硅质页岩、泥质页岩以及粉砂岩和泥质砂岩为本地区的相对隔水层。

碎屑岩类裂隙水的补给、径流和排泄。由于多期构造运动，在碎屑岩中发育了不同方位、性质、规模的断裂和节理，同时在外应力的长期作用下，岩体表层还形成了10～20 m的风化带，风化裂隙、张性和张扭性裂隙都能直接接受大气的降水和融雪的补给。因此，大气降水是基岩裂隙水的主要补给来源，大九湖盆地地下水主要是接受降水入渗补给。同时，由于地形切割较深，基岩裂隙径流途经较短，多为近源排泄，常常是就地补给、就地排泄。

地下水化学类型主要是重碳酸盐钙镁型水($HCO_3-Ca\cdot Mg$)。

(2)地下水资源量

大九湖河川基流量采用地下水径流模数计算而得。大九湖流域为岩溶山丘区，其多年平均地下水径流模数为20.23万 m^3/(km^2·a)，其地下水排泄量为875万 m^3。

4.3.3 水资源总量

区域水资源总量是指当地降水形成的地表和地下的产水量，即地表径流量与降水入渗补给地下水量之和。其基本表达式为：

$$W=R_S+U_P=R+U_P-R_g$$

式中，W为水资源总量；R_S为地表径流量($R_S=R-R_g$)；U_P为降水入渗补给地下水量；R为河川径流量(即地表水资源量)；R_g为河川基流量。

大九湖流域多年平均水资源量为4 747万 m^3。

4.4 水环境现状

2012年针对大九湖现状水体的特点，对神农架林区大九湖九个湖泊分别采样进行水质监测分析，按照国家《地表水环境质量标准》(GB 3838—2002)，对9个湖泊水质状况进行了评价，除2号湖、4号湖和6号湖较差外，其他湖泊水质均达到地表水环境质量Ⅲ类以上。详见表4-3，具体评价如下：

1号湖：综合评价为地表水环境质量Ⅲ类标准。

2号湖：综合评价为地表水环境质量Ⅴ类标准，超标项目为总磷。

3号湖：综合评价为地表水环境质量Ⅲ类标准。

4号湖：综合评价为地表水环境质量Ⅳ类标准，超标项目为总磷。

5号湖：综合评价为地表水环境质量Ⅲ类标准。

6号湖：综合评价为地表水环境质量Ⅴ类标准，超标项目为总磷。

7号湖：综合评价为地表水环境质量Ⅲ类标准。

8号湖：综合评价为地表水环境质量Ⅱ类标准。

9号湖：综合评价为地表水环境质量Ⅱ类标准。

富营养化评价是根据水的使用功能，按照一定的评价因子、质量标准和评价方法，对湖泊水库富营养化发展过程中某一状态进行定量描述。大九湖富营养化评价因子为总磷、总氮、叶绿素、高锰酸盐指数和透明度等五项指标；评价方法采取《地表水资源质量评价技术规程》(SL 395—2007)；采用指数法进行评价，以各项营养状态分数的均值对大九湖1～9号湖进行富营养化综合评价，分数越高，富营养化的程度愈严重，评价结果详见表4-4。经评价大九湖1～9号湖的富营养化程度均为富营养。

4.5 湖泊特性

大九湖包含9个小的湖泊，分别成为1号湖、2号湖、……、9号湖，湖泊总面积1.15 km^2，总容积136.6万 m^3。1～9号湖在常年水位下湖面水位高程分别为1 756.70 m、1 750.60 m、1 747.50 m、1 746.10 m、1 744.50 m、1 742.40 m、1 741.60 m、1 739.80 m、1 739.20 m。大九湖高水位下水面面积为1.15 km^2，湖泊容积136.6万 m^3；中水位下水面面积0.84 km^2，湖泊容积82.5万 m^3；低水位下水面面积0.47 km^2，湖泊容积33.0万 m^3。

表 4-3　大九湖水质监测评价结果

项目	1号湖		2号湖		3号湖		4号湖		5号湖		6号湖		7号湖		8号湖		9号湖	
	监测值	评价类别	监测值	评价类别	监测值	评价类别	监测值	评价类别	监测值	评价类别	监测值	评价类别	监测值	评价类别	监测值	评价类别	监测值	评价类别
pH值	7.2	Ⅰ	7.5	Ⅰ	7.1	Ⅰ	7.4	Ⅰ	7.3	Ⅰ	7.6	Ⅰ	7.4	Ⅰ	7.7	Ⅰ	7.6	Ⅰ
溶解氧/(mg/L)	9.1	Ⅰ	8.5	Ⅰ	8.6	Ⅰ	8.5	Ⅰ	8.9	Ⅰ	8.3	Ⅰ	8.3	Ⅰ	7.9	Ⅰ	8.1	Ⅰ
COD_{Mn}/(mg/L)	3.8	Ⅱ	3.5	Ⅱ	3.6	Ⅱ	3.7	Ⅱ	4.2	Ⅲ	3.7	Ⅱ	3.5	Ⅱ	3.4	Ⅱ	3.4	Ⅱ
氨氮/(mg/L)	0.69	Ⅲ	0.40	Ⅱ	0.50	Ⅱ	0.35	Ⅱ	0.32	Ⅱ	0.46	Ⅱ	0.28	Ⅱ	0.37	Ⅱ	0.41	Ⅱ
BOD_5/(mg/L)	3.3	Ⅲ	2.7	Ⅰ	2.8	Ⅰ	2.9	Ⅰ	3.2	Ⅲ	3.1	Ⅲ	2.9	Ⅰ	3.0	Ⅰ	2.8	Ⅰ
氰化物/(mg/L)	＜0.004	Ⅰ	＜0.004	Ⅰ	＜0.004	Ⅰ	＜0.004	Ⅰ	＜0.004	Ⅰ	＜0.004	Ⅰ	＜0.004	Ⅰ	＜0.004	Ⅰ	0.004	Ⅰ
砷/(mg/L)	＜0.0002	Ⅰ	＜0.0002	Ⅰ	＜0.0002	Ⅰ	＜0.0002	Ⅰ	＜0.0002	Ⅰ	＜0.0002	Ⅰ	＜0.0002	Ⅰ	＜0.0002	Ⅰ	0.0002	Ⅰ
挥发酚/(mg/L)	＜0.002	Ⅰ	＜0.002	Ⅰ	＜0.002	Ⅰ	＜0.002	Ⅰ	＜0.002	Ⅰ	＜0.002	Ⅰ	＜0.002	Ⅰ	＜0.002	Ⅰ	0.002	Ⅰ
六价铬/(mg/L)	0.01	Ⅰ	0.009	Ⅰ	0.012	Ⅱ	0.009	Ⅰ	0.006	Ⅰ	0.009	Ⅰ	0.009	Ⅰ	0.008	Ⅰ	0.008	Ⅰ
汞/(mg/L)	0.00002	Ⅰ	0.00001	Ⅰ	＜0.00001	Ⅰ	0.00001	Ⅰ	0.00005	Ⅰ	＜0.00001	Ⅰ	＜0.00001	Ⅰ	＜0.00001	Ⅰ	0.00001	Ⅰ
镉/(mg/L)	＜0.001	Ⅰ	＜0.001	Ⅰ	＜0.001	Ⅰ	＜0.001	Ⅰ	＜0.001	Ⅰ	＜0.001	Ⅰ	＜0.001	Ⅰ	＜0.001	Ⅰ	0.001	Ⅰ
铅/(mg/L)	＜0.01	Ⅰ	＜0.01	Ⅰ	＜0.01	Ⅰ	＜0.01	Ⅰ	＜0.01	Ⅰ	＜0.01	Ⅰ	＜0.01	Ⅰ	＜0.01	Ⅰ	0.01	Ⅰ
铜/(mg/L)	＜0.001	Ⅰ	＜0.001	Ⅰ	＜0.001	Ⅰ	＜0.001	Ⅰ	＜0.001	Ⅰ	＜0.001	Ⅰ	＜0.001	Ⅰ	＜0.001	Ⅰ	0.001	Ⅰ
锌/(mg/L)	＜0.05	Ⅰ	＜0.05	Ⅰ	＜0.05	Ⅰ	＜0.05	Ⅰ	＜0.05	Ⅰ	＜0.05	Ⅰ	＜0.05	Ⅰ	＜0.05	Ⅰ	0.05	Ⅰ
硒/(mg/L)	0.0018	Ⅰ	0.0017	Ⅰ	0.0019	Ⅰ	0.0019	Ⅰ	0.0017	Ⅰ	0.018	Ⅰ	0.0023	Ⅰ	0.0017	Ⅰ	0.002	Ⅰ
总磷/(mg/L)	0.04	Ⅲ	0.11	Ⅴ	0.03	Ⅲ	0.06	Ⅳ	0.01	Ⅰ	0.14	Ⅴ	0.04	Ⅲ	0.01	Ⅰ	0.01	Ⅰ
总氮/(mg/L)	7.22		6.49		4.89		2.55		4.33		6.63		2.78		4.93		4.93	
氰化物/(mg/L)	0.45	Ⅰ	0.45	Ⅰ	0.18	Ⅰ	0.37	Ⅰ	0.45	Ⅰ	0.49	Ⅰ	0.23	Ⅰ	0.47	Ⅰ	0.47	Ⅰ
透明度/m	0.55		0.48		0.66		0.70		0.70		0.60		0.45		0.60		0.60	
叶绿素/(mg/L)	0.011		0.008		0.009		0.008		0.01		0.011		0.008		0.007		0.007	Ⅱ
综合类别	Ⅲ		Ⅴ		Ⅲ		Ⅳ		Ⅲ		Ⅴ		Ⅲ		Ⅱ		Ⅱ	

表 4-4 大九湖富营养状态评价结果 (单位:mg/L)

站名	评价	叶绿素 a	总磷	总氮	COD_{Mn}	透明度/m	均值	营养化程度
1 号湖	监测值	0.011	0.04	7.22	3.8	0.55		富营养
	平分值	50.6	46	84.1	49.0	59.0	58	
2 号湖	监测值	0.008	0.11	6.49	3.5	0.48		富营养
	平分值	46.7	61	81.6	47.5	62.0	60	
3 号湖	监测值	0.009	0.03	4.89	3.6	0.66		富营养
	平分值	48.3	42	77.2	48.0	56.8	54	
4 号湖	监测值	0.008	0.06	2.55	3.7	0.70		富营养
	平分值	46.7	52	71.4	48.5	56.0	55	
5 号湖	监测值	0.010	0.01	4.33	4.2	0.70		富营养
	平分值	50.0	30	75.8	50.5	56.0	52	
6 号湖	监测值	0.011	0.14	6.63	3.7	0.60		富营养
	平分值	50.6	64	82.1	48.5	58.0	61	
7 号湖	监测值	0.007	0.04	4.93	3.4	0.60		富营养
	平分值	45.0	46	77.3	47.0	58.0	55	
8 号湖	监测值	0.006	0.01	5.20	3.4	0.60		富营养
	平分值	43.3	30	75.5	47.0	58.0	51	
9 号湖	监测值	0.008	0.01	2.78	3.5	0.45		富营养
	平分值	46.7	30	72.0	47.5	65.0	52	

第五章

神农架大九湖湿地资源现状与评价

神农架大九湖湿地是湖北省乃至华中地区目前保存较为完好的亚高山泥炭藓沼泽湿地，是 2006 年 9 月经国家林业局批准成立的全国第四个国家湿地公园。大九湖湿地位于神农架林区西北部，距神农架林区政府所在地——松柏镇 165 km，距木鱼镇91 km，主要包括亚高山草甸、泥炭藓沼泽、睡菜沼泽、薹草沼泽、香蒲沼泽、紫羊茅沼泽以及河塘水渠等湿地类型，湿地内具有丰富的动植物资源，其中小黑三棱群落、睡菜群落、浮毛茛和圆叶茅膏菜均为湖北省首次记载。在全国湿地生态系统中，大九湖湿地具有典型性、特殊性、代表性和稀有性，有极其重要的保护、科研和利用价值。更为重要的是，它还是南水北调中线工程的重要水源地之一，也是汉江中游的重要生态屏障，是我国自然湿地资源中不可多得的一块宝地（图 5-1）。

图 5-1 大九湖湿地

据科学考证，大九湖湿地在30 000年之前就已经形成，其 3.6 m 厚的泥炭层翔实地记录了神农架地区近18 000年来的气候变迁资料，在中国科学院测量与地球物理研究所、中山大学、南京大学、中国地质大学等多家科研院所的调查研究中均指出，大九湖湿地泥炭沉积物对于华中地区气候变迁研究有着极其重大的科学价值。在全球气候变化备受关注的今天，神农架大九湖湿地在重建古气候模型及预测未来生态环境和气候变化趋势研究上都有着不可替代的生态价值。

5.1 大九湖湿地状况

根据《湖北省第二次湿地资源调查实施细则》相关标准，神农架大九湖湿地地区符合重点调查要求，经对遥感影像图进行内部判读、解译和湿地斑块现场调查核对(图 5-2)，填写现场表格后，大九湖湿地符合调查要求的湿地总面积为 1 055.81 hm^2，按区划因子划分为 13 个斑块，5 个湿地类型，其类型如下。

1)永久性淡水湖：211.16 hm^2，湿地斑块 1 个，斑块名称为 1～9 号湖泊群；

2)藓类沼泽：280.81 hm^2，湿地斑块 2 个，斑块名称为十里荒湿地、核心区泥炭地，该类型湿地以泥炭藓为主要湿地植被，是大九湖湿地中具有特殊意义的重点保护对象；

3)草本沼泽：29.83 hm^2，湿地斑块 3 个，斑块名称为睡菜沼泽、小黑三棱沼泽、八字号沼泽，该类型湿地中睡菜沼泽和小黑三棱沼泽为华中地区首次记载，八字号沼泽为全国仅大九湖有记录的红穗薹草＋羽毛荸荠群系的草本沼泽；

4)沼泽化草甸：434.44 hm^2，湿地斑块 6 个，斑块名称为小九湖湿地、小营盘湿草甸、大树坝湿草甸、一字号湿草甸、二字号湿草甸、四字号湿草甸；

5)库塘：99.57 hm^2，湿地斑块 1 个，斑块名称为坪堑水库。

图 5-2　大九湖湿地现场调查照片

5.2 大九湖植物资源

经现场调查及查阅资料，大九湖流域范围内共分布有高等植物 141 科 366 属 964 种（含变种及栽培种），大九湖湿地（盆地）区域内有 233 种。其中，大九湖湿地区域内有国家重点保护植物共 5 种（Ⅰ级 1 种，Ⅱ级 4 种），国家珍贵树种 3 种（Ⅱ级 3 种）。另外，有苔藓植物 13 科 18 种。

大九湖植被的区系地理成分主要有两个来源：①亚热带西部成分：大九湖盆地为大巴山脉延伸部分，植被区系成分与川东大巴山脉最为接近，因与川西、云贵高原东北部、四川盆地相联系，而分布较多的是我国亚热带西部地区植物区系类型；②温带成分：秦岭南坡属于我国北亚热带北缘，而秦岭的武当山脉与神农架山脉相连，因此，大九湖湿地植被组成的区系成分受到秦岭山地、西北与华北等地区植物区系成分的影响，且表现比较明显。

大九湖湿地区域自然植被类型有沼泽植被、草甸植被、温性针叶林、落叶阔叶林和灌丛 5 种类型。

(1)沼泽植被

大九湖沼泽植被类型分为藓类沼泽、草本沼泽、沼泽化草甸、灌丛沼泽和森林沼泽 5 类。

藓类沼泽主要是红穗薹草-泥炭藓沼泽（*Carex argyi-Sphagnum palustre*），藓类沼泽群落主要分布于大九湖凹形盆地中。群落结构可分为两层，草本层和苔藓地被层；草本层的高度在 30 cm 左右，盖度约 80%，以红穗薹草为优势种，伴生种为长叶地榆（*Sanguisorba officicnalis* var. *Longifolia*）、无粉报春（*Primula efarinosa*）、堇菜（*Viola verecunda*）与扭盔马先蒿（*Pedicularis torta*）等，泥炭藓盖度为 100 %，生于红穗薹草的基部，连片生长，并形成低矮的藓丘，高度为 10～20 cm。

草本沼泽主要是葱状灯心草-红穗薹草-长叶地榆沼泽（Form. *Juncus caninus-Carex argyi-Sanguisorba officicnalis* var. *Longifolia*），主要分布于地势低洼平坦、地表常有积水、排水性差的滩地，群落总盖度达 60%～80%。种类组成上以多种薹草和葱状灯心草、小灯心草（*Juncus bufonius*）、长叶地榆为优势种。在积水较多的低洼地段则以菖蒲（*Acorus calamus*）、问荆（*Equisetum arvense* L.）或藨草（*Scirpus triqueter* L.）各自组成小斑块状的单优势群落。常见伴生种类有慈姑（*Sagittaria sagittifolia*）、血见愁老鹳草（*Geranium henryi*）、七筋姑（*Clintonia udensis*）等。此外，还零星分布有睡菜沼泽（Form. *Menyanthes trifoliata*）、香蒲沼泽（Form. *Typha orientalis*）等草本沼泽类型。

沼泽化草甸主要是薹草-长叶地榆-香青-湖北老鹳草草甸（Form. *Carex* sp.-*Sanguisorba officinalis* var. *longifolia-Anaphalis sinica- Geranium rosthornii*），以小鳞薹草（*Carex qentilis*）、多穗薹草（*C. polyspoculata*）等多种薹草为优势种。香青、长叶地榆、湖北老鹳草分布其间。常见物种还有小灯心草、牛毛毡（*Eleocharis yokoscensis*）、平车前（*Plantago depressa*）等。

灌丛沼泽零星分布于藓类沼泽的边缘，主要植物为较矮的鸡树条荚蒾（*Viburnum opu-*

lus var. *sargentii*)、卫矛(*Euonymus alatus*)等小乔木与灌木物种,林下有积水区。草本植物有黄花鸢尾(*Iris wilsonii*)、小灯心草和七筋姑(*Clintonia udensis*)等。

在藓类沼泽周边分布有一定面积的森林沼泽,乔木主要是为湖北海棠(*Malus hapehensis*)、锐齿槲栎(*Quercus aliena*)、湖北山楂(*Crataegus hupehensis*)等,而灌木层为鸡毛树条荚迷、牛奶子(*Elaeagnus umbellata*)等,林下沼泽内主要分布有菖蒲(*Acorus calamus*)、三轮草(*Cyperus orthostachyus*)、木贼(*Equisetum hyemale*)与多种蓼(*Polygonum* spp.)等。

(2)草甸植被

草甸植被主要分布于大九湖盆地沼泽植被的外围及周围山坡。主要植物有圆穗蓼(*Polygonum macrophyllum*)、珠芽蓼(*Polygonum viviparum*)、草原老鹳草(*Geranium pratense*)、东方草莓(*Fragaria orientalis*)、金挖耳(*Carpesium divaricatum*)、尼泊尔蓼(*Polygonum nepalense*)、早熟禾(*Poa* sp.)、薹草(*Carex* sp.)等。一些栽培牧草如红车轴草(*Trifolium pratense*)、白车轴草(*Trifolium repens*)在一些地势较平坦的地段,盖度达到90%以上。

(3)灌丛植被

灌丛植被主要分布于周围山地。以川榛(*Corylus heterophylla* var. *sutchuenensis*)、鸡树条荚蒾、湖北海棠为主,群落外貌整齐,平均高度2.5 m左右,总盖度达90%。其他灌木物种还有长梗溲疏(*Deinanthe vilmorinae*)、牛奶子、西南卫矛(*Euonymus hamiltonianus*)等。林下草本物种稀少,盖度仅10%,其中多穗薹草盖度5%,其他种类还有白顶早熟禾(*Poa acroleuca*)等。

(4)落叶阔叶林

落叶阔叶林分布在盆地周围山地低海拔处。落叶阔叶林有锐齿槲栎林、红桦-米心水青冈林、红桦-槭类林3种植被类型。优势植物有锐齿槲栎(*Quercus aliena* var. *acutesrrata*)、红桦(*Betula albosinensis*)、米心水青冈(*Fagus engleriana*);伴生植物较多,常见的有锥栗(*Castanea henryi*)、刺叶栎(*Quercus spinosa*)与峨眉蔷薇(*Rosa omeiensis*)等。

(5)温性针叶林

温性针叶林主要分布在大九湖盆地周围山地高海拔处。温性针叶林有华山松等植被类型。建群植物有华山松(*Pinus armandii*)、巴山冷杉(*Abies fargesii*)等,主要伴生植物为山杨(*Populus davidiana*)、兴山柳(*Salix mictotricha*)与野核桃(*Juglans cathayensis*)等。此外,在针叶林和阔叶林的交界处还分布有针阔叶混交林-巴山冷杉红桦林(Form. *Abies fargesii-Betula albosinensis*),针叶植物主要是巴山冷杉,而阔叶树种有红桦、米心水青冈、多种槭(*Acer* spp.)和栎类(*Quercus* spp.)等。

5.3 大九湖野生动物资源

大九湖湿地由于森林资源丰富,植被类型多样,且处于原始状态;同时,大九湖盆地发育有沼泽、草甸、灌丛等植被类型,生境类型比较丰富,为野生动物的繁衍提供了良好的栖息场所,动物种类十分丰富,多数种类为东洋界种,并富有我国华南区的特色。

经野外调查和参阅历史资料，大九湖湿地有陆生脊椎动物 87 种，隶属 16 目 38 科 57 属。其中，兽类 24 种，隶属 5 目 13 科 21 属；鸟类 136 种，隶属 16 目 64 科 96 属；爬行类 1 种，隶属 1 目 1 科 1 属；两栖类 6 种，隶属 2 目 4 科 5 属。

有关大九湖湿地的鸟类资源和鱼类资源将在下两节内容中详细分析和评估。

5.4 大九湖鸟类资源

湖北神农架大九湖湿地处于中国地势第二级阶梯和第三级阶梯的交界线上，位于中国候鸟南北迁徙的中线通道，在每年的迁徙期间，大量的候鸟在此经停休整，前往温暖的越冬地或是北方的繁殖地。同时，东西走向的大巴山脉和南北走向的巫山山脉在鄂西北的神农架大九湖区域汇集，使得该区域动植物区系组分更加复杂，栖息于湿地内的鸟类多样。2008 年，成立神农架大九湖国家湿地公园管理局，采取保护和恢复措施，使区内湿地生态系统得到恢复和改善，鸟类组成和分布发生了变化，以湿地为栖息地的鸟类逐渐增加。

5.4.1 鸟类调查时间及方法

2010 年 2 月—2014 年 8 月，湖北省神农架大九湖国家湿地公园管理局和湖北省野生动植物保护总站组织相关专家，在每年的四季都进行调查和监测，采用样线法与样点法相结合的方法，用 60 倍望远镜进行观察，并用照相机配长焦镜头拍照，以便准确辨别鸟类物种。采用样线法调查时，沿设定的样线以约 1.5 km/h 的速度行走，记录样线两侧 50 m 以内(树林灌丛为 25 m 以内)所见到的鸟的种类和数量，样线长度为 2.0～2.5 km。对集群分布的鸟类，采取样点法直接计数鸟类的数量。

5.4.2 大九湖鸟类种类组成及区系分布

在大九湖国家湿地公园共记录到鸟类 136 种，隶属于 16 目 44 科 96 属(表 5-1、表 5-2)。从鸟类的种类构成来看，在记录的 136 种鸟类中，雀形目 83 种，占种数的 61%；非雀形目 53 种，占种数的 39%。

以鹳形目、雁形目、鹤形目等为代表的水鸟 28 种，占湿地公园鸟类种数的 20%。因大九湖冬天极端低温导致湖面封冻，不利于水鸟的越冬，水鸟在该区域多以夏候鸟和过境鸟的形式出现。水鸟在大九湖湿地公园的分布记录有明显的季节性，在每年 2—4 月和 10—12 月的迁徙期以鸭科和鸻科为主的水鸟常以上百只的小群集中出现；部分鹭科水鸟有在大九湖湿地育雏的观察记录，成为该区域的夏候鸟。

大九湖国家湿地公园的鸟类区系成分复杂，兼有我国东洋界和古北界的成分，其中东洋种 53 种(39.0%)、古北种 38 种(27.9%)、广布种 45 种(33.1%)，以广布种占优势，体现了该区地处我国过渡区域的特点。在记录到的 136 种鸟类中，留鸟 78 种(57.4%)、夏候鸟 38 种(27.9%)、冬候鸟 15 种(11.0%)、旅鸟 5 种(3.7%)。

表 5-1　大九湖国家湿地公园鸟类目科属种比较

目名	科数	属数	种数
䴙䴘目	1	1	1
鹈形目	1	1	1
鹳形目	2	8	11
雁形目	1	3	6
隼形目	2	6	6
鸡形目	1	6	6
鹤形目	2	3	3
鸻形目	4	5	5
鸽形目	1	1	1
鹃形目	1	2	5
鸮形目	1	1	1
雨燕目	1	2	2
佛法僧目	1	1	1
戴胜目	1	1	1
鴷形目	1	2	3
雀形目	23	53	83
合计	44	96	136

表 5-2　大九湖国家湿地公园鸟类种类组成

种名	学名	区系从属	居留型	国家重点保护	湖北省重点保护	数量状况
䴙䴘目	**Podicipediformes**					
䴙䴘科	**Podicipedidae**					
小䴙䴘	*Tachybaptus ruficollis*	C	R			常
鹈形目	**Pelecaniformes**					
鸬鹚科	**Phalacrocoracidae**					
普通鸬鹚	*Phalacrocorax carbo*	C	W		√	少
鹳形目	**Ciconiiformes**					
鹭科	**Ardeidae**					
苍鹭	*Ardea cinerea*	C	R		√	少
草鹭	*A. purpurea*	C	S			稀
白鹭	*Egretta garzetta*	C	S		√	常
牛背鹭	*Bubulcus ibis*	C	S			少

续表

种名	学名	区系从属	居留型	国家重点保护	湖北省重点保护	数量状况
池鹭	*Ardeola bacchus*	C	S			常
夜鹭	*Nycticorax nycticorax*	C	S			少
黄斑苇鳽	*Ixobrychus sinensis*	C	S			少
栗苇鳽	*I. cinnamomeus*	C	S			稀
黑苇鳽	*Dupetor flavicollis*	O	S			稀
鹳科	**Ciconiidae**					
黑鹳	*Ciconia nigra*	P	W	Ⅰ		稀
东方白鹳	*C. boyciana*	O	W	Ⅰ		稀
雁形目	**Anseriformes**					
鸭科	**Anatidae**					
赤麻鸭	*Tadorna ferruginea*	P	W		√	少
鸳鸯	*Aix galericulata*	P	W	Ⅱ		稀
罗纹鸭	*Anas falcate*	P	W			少
赤膀鸭	*A. strepera*	P	W			少
绿头鸭	*A. platyrhynchos*	P	W		√	常
斑嘴鸭	*A. poecilorhyncha*	C	W			常
隼形目	**Falconiformes**					
鹰科	**Accipitridae**					
凤头蜂鹰	*Pernis ptilorhynchus*	C	S	Ⅱ		少
栗鸢	*Haliastur indus*	O	S	Ⅱ		少
蛇雕	*Spilornis cheela*	O	R	Ⅱ		稀
松雀鹰	*Accipiter virgatus*	C	S	Ⅱ		少
金雕	*Aguila chrysaetos*	P	R	Ⅰ		稀
隼科	**Falconidae**					
红隼	*Falco tinnunculus*	C	R	Ⅱ		少
鸡形目	**Galliformes**					
雉科	**Phasianidae**					
灰胸竹鸡	*Bambusicola thoracicus*	O	R		√	常
红腹角雉	*Tragopan temminckii*	O	R	Ⅱ		常
勺鸡	*Pucrasia macrolopha*	C	R			常
白冠长尾雉	*Syrmaticus reevesii*	O	R	Ⅱ		少

续表

种名	学名	区系从属	居留型	国家重点保护	湖北省重点保护	数量状况
环颈雉	*Phasianus colchicus*	P	R		√	常
红腹锦鸡	*Chrysolophus pictus*	O	R	Ⅱ		少
鹤形目	**Gruiformes**					
鹤科	**Gruidae**					
灰鹤	*Grus grus*	C	W	Ⅱ		稀
秧鸡科	**Rallidae**					
白胸苦恶鸟	*Amaurornis phoenicurus*	O	S			常
黑水鸡	*Gallinula chloropus*	C	R		√	常
鸻形目	**Charadriiformes**					
反嘴鹬科	**Recurviostridae**					
黑翅长脚鹬	*Himantopus himantopus*	C	W			少
鸻科	**Charadriidae**					
灰头麦鸡	*Vanellus cinereus*	P	P			常
鹬科	**Scolopacidae**					
矶鹬	*Actitis hypoleucos*	P	W			少
扇尾沙锥	*Gallinago gallinago*	P	W			少
燕鸥科	**Sternidae**					
灰翅浮鸥	*Chlidonias hybrida*	C	S			常
鸽形目	**Columbiformes**					
鸠鸽科	**Columbidae**					
山斑鸠	*Streptopelia orientalis*	C	R			常
鹃形目	**Cuculiformes**					
杜鹃科	**Cuculidae**					
大鹰鹃	*Cuculus sparverioides*	O	S			稀
四声杜鹃	*C. micropterus*	C	S		√	常
大杜鹃	*C. canorus*	C	S		√	常
小杜鹃	*C. poliocephalus*	C	S		√	常
噪鹃	*Eudynamys scolopacea*	C	S			少
鸮形目	**Strigiformes**					
鸱鸮科	**Strigidae**					
红角鸮	*Otus sunia*	C	R	Ⅱ		少

续表

种名	学名	区系从属	居留型	国家重点保护	湖北省重点保护	数量状况
雨燕目	**Apodiformes**					
雨燕科	**Apodidae**					
短嘴金丝燕	*Aerodramus brevirostris*	O	S		√	常
白腰雨燕	*Apus pacificus*	C	S		√	常
佛法僧目	**Coraciiformes**					
翠鸟科	**Alcedinidae**					
普通翠鸟	*Alcedo atthis*	C	R			常
戴胜目	**Upupiformes**					
戴胜科	**Upupidae**					
戴胜	*Upupa epops*	C	S		√	常
䴕形目	**Piciformes**					
啄木鸟科	**Picidae**					
赤胸啄木鸟	*Picoides cathphrius*	O	R			少
大斑啄木鸟	*P. major*	P	R			少
灰头绿啄木鸟	*Picus canus*	C	R			少
雀形目	**Passeriformes**					
百灵科	**Alaudidae**					
小云雀	*Alauda gulgula*	C	R			少
燕科	**Hirundinidae**					
崖沙燕	*Riparia riparia*	P	R			常
金腰燕	*Hirundo daurica*	C	S		√	常
烟腹毛脚燕	*Delichon dasypus*	C	S			少
鹡鸰科	**Motacillidae**					
白鹡鸰	*Motacilla alba*	C	R			常
灰鹡鸰	*Motacilla cinerea*	C	R			少
田鹨	*Anthus richardi*	C	W			常
山椒鸟科	**Campephagidae**					
长尾山椒鸟	*Pericrocotus ethologus*	O	S			少
鹎科	**Pycnonotidae**					
领雀嘴鹎	*Spizixos semitorques*	O	R			常
黄臀鹎	*Pycnonotus xanthorrhous*	O	R			少

续表

种名	学名	区系从属	居留型	国家重点保护	湖北省重点保护	数量状况
绿翅短脚鹎	*Hypsipetes mcclellandii*	O	R			少
黑短脚鹎	*H. leucocephalus*	O	R			常
伯劳科	**Laniidae**					
红尾伯劳	*Lanius cristatus*	P	R		√	少
虎纹伯劳	*L. tigrinus*	P	S		√	少
棕背伯劳	*L. schach*	O	R			常
灰背伯劳	*L. tephronotus*	P	S			少
鸦科	**Corvidae**					
松鸦	*Garrulus glandarius*	P	R		√	常
红嘴蓝鹊	*Urocissa erythrorhyncha*	O	R		√	常
星鸦	*Nucifraga caryocatactes*	P	R			少
大嘴乌鸦	*Corvus macrorhynchos*	C	R		√	常
小嘴乌鸦	*C. corone*	P	R			少
白颈鸦	*C. torquatus*	O	R		√	少
河乌科	**Cinclidae**					
褐河乌	*Cinclus pallasii*	C	R			常
鸫科	**Turdinae**					
北红尾鸲	*Phoenicurus auroreus*	P	R			常
红尾水鸲	*Rhyacornis fuiginosus*	C	R			常
白顶溪鸲	*Chaimarrornis leucocephalus*	P	R			常
白腹短翅鸲	*Hodgsonius phoenicuroides*	P	S			少
小燕尾	*Enicurus scouleri*	C	R			常
灰背燕尾	*E. schistaceus*	O	R			稀
白额燕尾	*E. leschenaulti*	O	R			少
黑喉石䳭	*Saxicola torquata*	P	S			少
灰林䳭	*S. ferrea*	O	R			少
栗腹矶鸫	*Monticola rufiventris*	O	R			少
蓝矶鸫	*M. solitarius*	C	R			常
紫啸鸫	*Myophnus caeruleus*	O	R			常
灰头鸫	*Turdus rubrocanus*	P	R			少
鹟科	**Muscicapinae**					

续表

种名	学名	区系从属	居留型	国家重点保护	湖北省重点保护	数量状况
乌鹟	*Muscicapa sibirica*	P	P		√	常
白腹蓝姬鹟	*Cyanoptila cyanomelana*	P	P			少
铜蓝鹟	*Eumyias thalassina*	O	S			少
方尾鹟	*Culicicapa ceylonensis*	O	S			少
画眉科	**Timaliinae**					
白喉噪鹛	*Garrulax albogularis*	O	R			常
黑领噪鹛	*G. pectoralis*	O	R			少
画眉	*G. canorus*	O	R		√	常
白颊噪鹛	*G. sannio*	O	R			常
橙翅噪鹛	*G. elliotii*	O	R			常
眼纹噪鹛	*G. ocellatus*	O	R			常
斑胸钩嘴鹛	*Pomatorhinus erythrocemis*	O	R			少
棕颈钩嘴鹛	*P. ruficollis*	O	R			常
红头穗鹛	*Stachyris ruficeps*	O	R			少
矛纹草鹛	*Babax lanceolatus*	O	R			常
红嘴相思鸟	*Leiothrix lutea*	O	R		√	常
褐顶雀鹛	*Alcippe brunnea*	O	R			少
灰眶雀鹛	*A. morrisonia*	O	R			常
白领凤鹛	*Yuhina diademata*	O	R			常
鸦雀科	**Paradoxornithidae**					
棕头鸦雀	*Paradoxornis webbianus*	C	R			常
扇尾莺科	**Cisticolidae**					
纯色山鷦莺	*Prinia inornata*	C	R			常
莺科	**Sylviidae**					
强脚树莺	*Cettia fortipes*	O	R			常
棕腹柳莺	*Phylloscopus subaffinis*	O	S			少
极北柳莺	*P. borealis*	P	S			少
乌嘴柳莺	*P. magnirostris*	P	P			稀
冕柳莺	*P. coronatus*	P	S			稀
金眶鹟莺	*Seicercus burkii*	O	S			常
栗头鹟莺	*S. castaniceps*	O	S			少

续表

种名	学名	区系从属	居留型	国家重点保护	湖北省重点保护	数量状况
棕脸鹟莺	*S. albogularis*	O	R			少
棕褐短翅莺	*Bradypterus luteoventris*	O	R			少
绣眼鸟科	**Zosteropidae**					
暗绿绣眼鸟	*Zosterops japonica*	C	S			常
长尾山雀科	**Aegithalidae**					
红头长尾山雀	*Aegithalos concinnus*	O	R			常
山雀科	**Paridae**					
沼泽山雀	*Parus palustris*	P	R			少
煤山雀	*P. ater*	P	R			少
黄腹山雀	*P. venustulus*	O	R			稀
大山雀	*P. major*	C	R		√	常
绿背山雀	*P. monticolus*	O	R			常
䴓科	**Sittidae**					
普通䴓	*Sitta europaea*	P	R			常
啄花鸟科	**Dicaeidae**					
红胸啄花鸟	*Dicaeum ignipectus*	O	R			少
花蜜鸟科	**Nectariniidae**					
蓝喉太阳鸟	*Aethopyga gouldiae*	O	R		√	常
雀科	**Fringillidae**					
山麻雀	*Passer rutilans*	C	R			常
燕雀科	**Fringillidae**					
金翅雀	*Carduelis sinica*	P	R			常
酒红朱雀	*Carpodacus vinaceus*	P	R			常
鹀科	**Emberizidae**					
黄喉鹀	*Emberiza elegans*	P	R			少
灰头鹀	*E. spodocephala*	P	S			少
栗耳鹀	*E. fucata*	P	P			少
小鹀	*E. pusilla*	P	W			少
蓝鹀	*Latoucheornis siemsseni*	O	S			少

注：C—广布种；O—东洋界；P—古北界。R—留鸟；W—冬候鸟；S—夏候鸟；P—旅鸟。
Ⅰ—国家一级重点保护；Ⅱ—国家二级重点保护；√—省级重点保护。

5.4.3 大九湖珍稀濒危、国家重点保护鸟类

大九湖国家湿地公园共有国家和湖北省重点保护鸟类40种，其中国家Ⅰ级保护鸟类有金雕（*Aguila chrysaetos*）、东方白鹳（*Ciconia boyciana*）、黑鹳（*Ciconia nigra*）3种，国家Ⅱ级保护鸟类有栗鸢（*Haliastur indus*）、松雀鹰（*Accipiter virgatus*）、灰鹤（*Grus grus*）、鸳鸯（*Aix galericulata*）、红腹角雉（*Tragopan temminckii*）等11种；湖北省重点保护鸟类26种，包括苍鹭（*Ardea cinerea*）、绿头鸭（*Anas platyrhynchos*）、灰胸竹鸡（*Bambusicola thoracicus*）等。

5.4.4 大九湖鸟类保护对策

（1）保护鸟类栖息地

20世纪80年代前，大九湖湿地保持自然状态，为华中地区不可多得的亚高山泥炭藓沼泽湿地。80年代中期开始修筑沟渠，排出湿地内的水开发农田和牧场，湿地生态系统遭到了严重干扰。2004年以后，加强了湿地保护，特别是2008年建立国家湿地公园，采取措施保护和恢复湿地生态系统，在未来相当长的时间内应该注重湿地生态系统的恢复，以利于鸟类特别是水鸟的栖息。

（2）加强研究和监测

大九湖湿地经历了自然状态到受到较强人为干扰，再到恢复自然状态的生态过程，鸟类组成也会发生相应变化，随着湿地生态系统的逐渐恢复，应该注重对鸟类的调查研究及监测，弄清楚大九湖湿地与鸟类的关系，为湿地保护与恢复提供科学依据。

（3）开展宣传教育，加强巡护

结合湿地公园日常工作，开展主题宣传活动，如"爱鸟周""保护野生动物宣传月"等，特别是在湿地公园周边的主干道旁、主要出入口以及步游道等地方设置爱鸟、护鸟的警示宣传牌，让保护鸟类深入人心。加强巡护工作，尤其在候鸟迁徙的季节，加大巡护强度，坚决制止影响鸟类活动的行为。

5.5 大九湖鱼类资源

鱼类能够影响水体的营养物质循环和食物网营养级结构。鱼类对水体环境变化反应敏感，因此被认为是湿地生态系统的重要指示物种之一。近年来，随着人类活动的加剧，许多湿地湖泊中鱼类种群结构受到栖息地生境改变或引种放养的外来鱼类的胁迫，造成水质恶化、土著鱼种类及数量下降或灭绝，最终导致湿地湖泊生物多样性丧失，生态系统结构和功能被破坏。神农架大九湖湿地是世界著名的人与生物圈保护区和生物多样性保护示范点的缓冲区、国家湿地公园，在生态平衡、环境保护、科学研究等方面对区域乃至全球都具有重要意义，是南水北调中线工程的重要水源涵养地之一。然而，大九湖湿地曾经历大规模开垦种植、养殖等活动，导致湿地生态环境退化、水质下降、湖泊水面消失和湿地生态系统向陆生生态系统演化，湿地被侵蚀殆尽。最近几年经多方努力，对大九湖湿地实施生态恢复工程（退

耕还湿、土坝建设、鱼类引种等措施)，恢复了 9 个子湖湖面，雨季水面约 300 hm^2，枯水期水面约 200 hm^2。然而，尽管大九湖湿地的生态环境有改善，但其水体透明度仍较低。为了探究大九湖湿地实施生态恢复工程后鱼类的特征，为合理调控鱼类群落结构来保障南水北调水源涵养地水质安全提供科学依据，湖北工业大学研究团队于 2014 年 11 月对大九湖湿地的鱼类群落开展了调查，分析了大九湖湿地鱼类的种类组成及其对水质和生态系统潜在的影响(李俊 等，2017)。

5.5.1 大九湖鱼类调查采样方法

(1)采样地点、时间和采样点设置

大九湖湿地位于湖北省神农架的最西端，是一个高山盆地湿地湖泊。大九湖盆地面积约为 36 km^2。针对大九湖鱼类资源的调查，采样时间为 2014 年 11 月 3—6 日，在大九湖 9 个子湖和落水孔各设置一个采样点(9 个子湖从 1 号湖起依次通过沟渠相通，水最后经落水孔流向暗河)(图 5-3)。

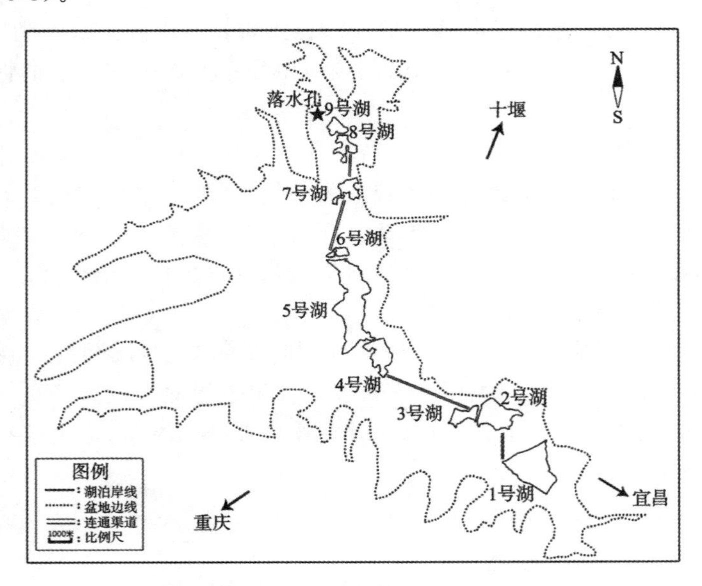

图 5-3 大九湖湿地采样点

(2)样品采集、分析和鉴定

透明度和水深采用塞氏盘(Secchi-disk)现场测定。水温、pH 值和溶解氧(DO)等参数采用 Hydrolab DS5 多参仪(美国)现场测定。

水质分析样品采集于水表面以下 0.5 m 处，取约 2.5 L 混合后的水样低温保存，带回实验室分析水质。总氮、总磷和叶绿素 *a* 等水质指标的检验方法依据《水和废水监测分析方法(第四版)》。

鱼类样品的采集工具为刺网和电鱼。每次采样时将 6 种规格(网孔大小分别为 7 mm、10 mm、15 mm、25 mm、40 mm、60 mm，每种规格长 30 m，共 180 m；高 1.2 m)的刺网首尾相接在一起。在各采样点采集鱼类时，保持刺网在水中停留 2 h，后将刺网收起，摘取刺网捕获的鱼类，然后分类，拍照、测量、记录每种鱼的体长和体重。同时，在每个子湖使用电鱼设备(蓄电池为骆驼牌 6-QWLZ-36 12V-36Ah，传感器为 SUSAN DC12V-12000-W2012 型高精度纳米传感器)，在岸边的草丛电鱼，主要是采集小型鱼类，每次电鱼时间约 30 min。鱼类样品鉴定参照《湖北省鱼类志》和其他出版的文献。

(3)数据分析

采用相对重要性指数(index of relative importance，IRI)计算鱼类群落优势种成分。

$$IRI=(N+W)F\times 10^4$$

式中，N 为某个种类的数量占总捕获数量的百分比(%)；W 为每个种类的重量占总捕获重量的百分比(%)；F 为某个种类在调查中的站位数与总调查站位数的百分比(%)。若 IRI≥1 000，该种为优势种；若 100≤IRI<1 000，该种为常见种；若 IRI<100，该种为稀有种。

鱼类群落多样性分析采用 Margalef 物种丰富度指数(D)、Shannon-Wiener 多样性指数(H')和 Pielou 均匀度指数(J')，公式分别为

$$D=(S-1)/\ln N$$

$$H'=\sum_{i=1}^{s}P_i\cdot\ln P_i$$

$$J'=H'/\ln S$$

式中，S 为种类数；N 为总尾数；P_i 为第 i 种鱼所占的比例。

5.5.2 大九湖湿地鱼类种类组成分析

在大九湖湿地 9 个子湖和落水洞共采集到鱼 474 尾，渔获物 53 472.8 g。鉴定结果表明，隶属 2 目 2 科 9 属 9 种鱼，其中鲤形目鲤科有 8 种，分别为鲫、齐口裂腹鱼、镜鲤、棒花鱼、麦穗鱼、草鱼、鲢和中华鳑鲏；鲈形目塘鳢科 1 种，为黄黝鱼(表 5-3)。鲫数量占 55.91%，重量占 29.72%；镜鲤数量占 4.64%，重量占 19.38%；棒花鱼数量占 17.93%，重量占 0.67%；麦穗鱼数量占 8.86%，重量占 0.44%；黄黝鱼数量占 8.65%，重量占 0.04%；鲢数量占 2.12%，重量占 46.29%；中华鳑鲏数量占 1.05%，重量占 0.02%；齐口裂腹鱼数量占 0.63%，重量占 0.26%；草鱼数量占 0.21%，重量占 3.18%(图 5-4a、图 5-4b)。

IRI 结果分析表明，仅鲫 IRI 指数大于 1 000，为优势种；而其他鱼类的 IRI 指数均小于 100，为稀有种(图 5-4c)。物种丰富度指数(D)、Shannon-Wiener 多样性指数(H')和均匀度指数(J')分别为 1.30、1.38 和 0.22(图 5-5)。

表 5-3 大九湖湿地鱼类的种类

目	科	属	种
鲤形目	鲤科	鲫属	鲫(*Carassius auratus*)
		镜鲤属	镜鲤(*Cyprinus carpio specularis*)
		棒花鱼属	棒花鱼(*Abbottina rivularis*)
		麦穗鱼属	麦穗鱼(*Psendorasbora parva*)
		鲢属	鲢(*Hypophthalmichthys molitrix*)
		鳑鲏属	中华鳑鲏(*Rhodeus sinensis*)
		裂腹鱼属	齐口裂腹鱼(*Schizothorax prenanti*)
		草鱼属	草鱼(*Ctenopharyngodon idelus*)
鲈形目	塘鳢科	黄黝鱼属	黄黝鱼(*Hypseleotris swinlonis*)

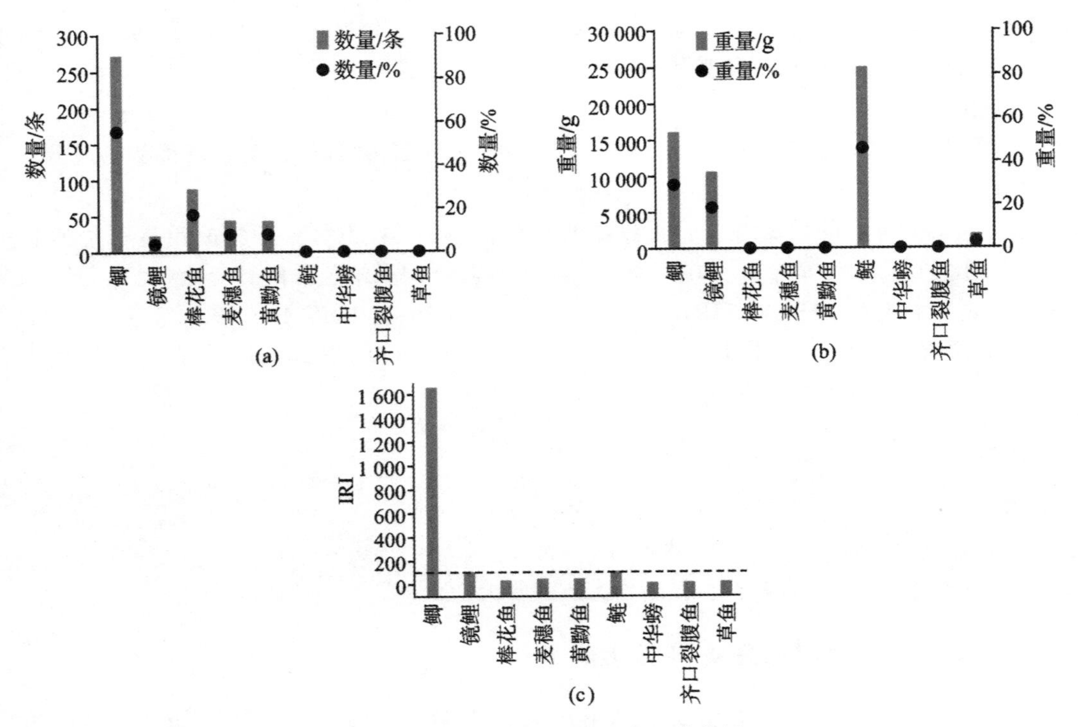

图 5-4 大九湖湿地鱼类种类组成分析

(a)不同鱼类的数量;(b)不同鱼类的重量;(c)相对重要性指数。

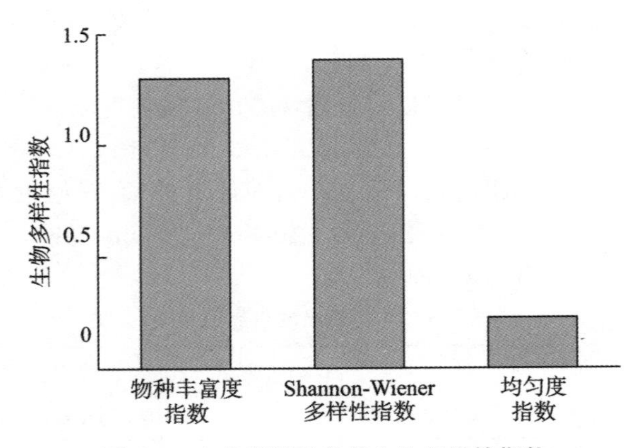

图 5-5 大九湖湿地鱼类生物多样性指数

5.5.3 大九湖湿地鱼类体长和体重分布

本次调查在大九湖湿地采集到的鱼类体长均值为 10.5(2.3～60.0)cm,体重均值为 112.8(0.1～4 150.0)g(图 5-6a,图 5-6b)。个体较小的主要是棒花鱼、麦穗鱼、黄黝鱼和中华鳑鲏,个体较大的主要是鲢、草鱼和镜鲤;鲫体长分布较广,体长均值为 10.7(6.0～24.5)cm(图 5-6a)。80%鱼类体长集中在 13.5 cm 以内,80%的鱼类体重在 80 g 以下(图 5-6c、图 5-6d)。

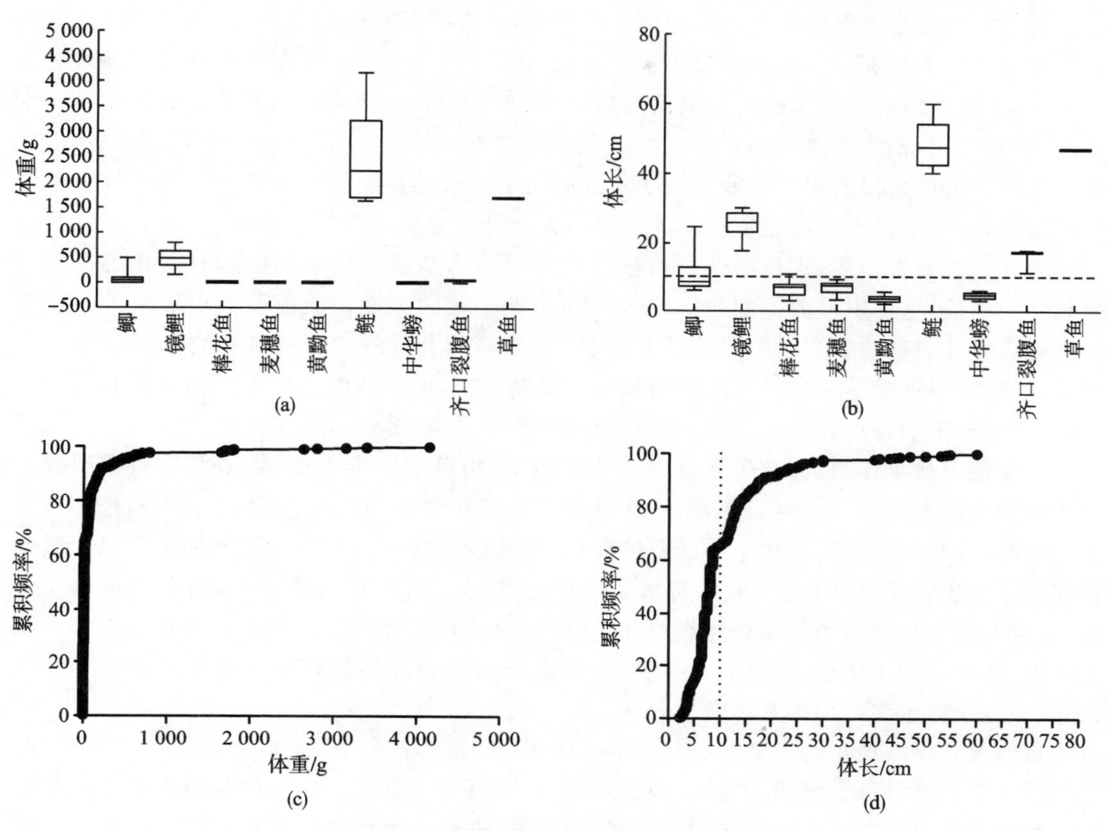

图 5-6 大九湖湿地鱼类体长和体重分布

(a)体长;(b)体重;(c)体长累积频率;(d)体重累积频率;a,b 箱线图的中间线代表中间值,盒值范围是 25%～75%,盒外线分别表示最小值和最大值。

5.5.4 大九湖湿地实施生态恢复工程后鱼类资源状况及影响分析

关于神农架大九湖湿地的鱼类种类情况记载资料很少。1981—1982 年华中农业大学水产系鱼类组在神农架考察野生鱼类资源时,共采集鱼类标本 2 500 余尾,分别隶属于鲤形目、鲶行目、合鳃目等 4 目,9 科 28 属,共 35 种,其鱼类主要由高山鱼类区系组成,均有长江、汉水两种上游河源区鱼类的显著特征,其中大九湖仅采集到长江�、泥鳅两种。

本次调查在大九湖湿地共采集到 9 种鱼,仅齐口裂腹鱼、棒花鱼在 1983 年采集时有记载,而未采集到长江鱵,在当地渔民的地笼中也观察到泥鳅。在大九湖湿地恢复工程建设时,投放了用于观赏、科研和维持生物多样性等作用的鱼苗,主要由鲢、鳙、鲫、草鱼和镜鲤等组成。考虑到大九湖湿地生态系统封闭性较高,本次调查采集的鲫、镜鲤、草鱼和鲢等主要鲤科鱼类,可能均为在大九湖湿地修复时放养的鱼种。虽然本研究未在不同季节采样,但本次采样采用的刺网网孔范围较大(0.7～60.0 mm,6 种),采集的鱼类体长范围也较大(2.5～60.0 cm),也采取了电捕捞的方式,同时观察了当地渔民设置的地笼,结果均显示以鲫和麦穗鱼为主,除泥鳅外未发现其他新鱼种。基于大九湖 9 个湖泊面积相对较小,本次调查结果应该已包含所有的鱼类种类。

大九湖湿地鱼类多样性指数和均匀度指数偏低，表明各物种分布不均匀、优势度高。大九湖湿地的鱼类以鲫为主，其数量占据了一半还多，此外，棒花鱼的数量也占了近 20%。Magurran 提出的多样性指数的一般范围为 1.5～3.5，目前大九湖湿地鱼类多样性指数小于该范围，其 H' 值高于受外来鱼种入侵的西藏拉玛湿地，但以上两个湿地的鱼类 H' 值均远低于未受外来鱼种入侵的甲玛湿地。由于大九湖历史记载的鱼类资料缺乏和湿地水体曾遭受到严重破坏，本书尚不足以论证引种的鱼类对大九湖鱼类生物多样性的影响。

大九湖湿地恢复后，大量的湿地植被可以为引种的亲植物性鱼类如鲫和鲤鱼等提供产卵和预幼场所，这些引种放养的鱼类在大九湖湿地丰富的湿地植被以及泥沼底质等条件下已迅速适应并成功建群、扩散，成为优势种群，结果可能会导致原有的高山鱼数量减少。大量研究表明，引种放养的鱼类可能会造成生态问题，如云南和西藏的许多高山湖泊和三峡库区等，因受外来引种放养的鱼类的影响导致土著鱼类数量锐减。

大九湖湿地水体总氮、总磷等营养盐浓度较低，但其透明度不高，大量鲤科鱼类的存在可能是影响因素之一。研究表明，鲤科底栖鱼类如鲫和镜鲤，可以通过扰动沉积物增加营养盐的释放和悬浮物浓度，导致水体透明度降低；浮游生物食性鱼类如鲢以及幼鱼可以通过捕食调节浮游生物丰度和种类，可能对水质产生副作用。在大九湖湿地中，鲢生物量占比近半，还有大量幼鱼或体型较小的鱼类存在，其能够通过对浮游生物的摄食影响水体中悬浮物的浓度，进而影响水体透明度；而大量存在的鲫、镜鲤等也能够通过对沉积物的搅动导致沉积物再悬浮，对水质产生不利影响。

目前大九湖湿地生态恢复工程已取得了初步成效，水质较好，湿地生态环境有所改善，但引种放养的鲤科鱼类已成功建群，成为优势种，土著鱼类稀少。鉴于鲤科鱼类种群的快速扩增和大九湖湿地生态系统的相对封闭性，这些引种放养的鲤科鱼类未来对水源涵养地的水质安全将产生潜在的威胁，其长期生态效应尚需开展更进一步的研究。

5.6 大九湖泥炭资源

大九湖湿地泥炭资源丰富。泥炭又称“泥煤”，形成于第四纪，距今 250 万年，除含有大量的腐殖酸外，还可见到没有完全分解的植物残体成为沼泽的载体。沼泽地面长期潮湿，生长喜湿和喜水植物，并有泥炭堆积的洼地，是湿地生态景观的核心，具有重要的调蓄水功能。

大九湖沼泽中埋藏有泥炭，其最大厚度达 3 m。泥炭外观呈黑褐色，具松软纤维状结构，分解度为 20%～40%，可见植物残体的根茎，泥炭层向下逐渐过渡为粉砂质黏土，再向下为粉砂角砾层分布。

第六章

鄂西及大九湖亚高山泥炭藓沼泽湿地高等植物多样性

湿地是水陆相互作用形成的特殊自然综合体，被誉为“地球之肾”，动植物资源极其丰富，是地球上具有多种效益与重要保护价值的生态系统。亚高山泥炭藓沼泽湿地是湿地中比较特殊的一类，它是由泥炭藓以及草本植物沼泽化形成的，是一种极其重要的自然资源。作为淡水湿地的重要类型之一，泥炭藓沼泽湿地有强大的降解污染、净化水质的功能，是多种生物优良的生存之地，同时也是重要的储碳库，对研究湿地演化和全球气候变化的区域响应有很高的价值。

湖北省湿地类型丰富，但是由于部分湿地地处偏远的山区，交通不便，导致许多湿地资料尚不完整，特别是整个鄂西亚高山泥炭藓沼泽湿地资源。大九湖是泥炭藓沼泽资源典型分布地，因此，笔者对鄂西及大九湖泥炭藓沼泽湿地植物资源做了较为详细的调查，以期为鄂西湿地资源的保护和科学管理提供帮助(赵素婷 等,2013)。

6.1 鄂西亚高山泥炭藓沼泽湿地生境特点及分布状况

6.1.1 鄂西亚高山泥炭藓沼泽湿地生境特点

一般认为气候是控制泥炭藓沼泽湿地分布的主要因素。研究表明，北半球年平均气温在−2～6℃、平均降水量为630～1 300 mm的地区泥炭藓沼泽湿地分布较丰富。我国泥炭藓沼泽湿地主要分布在东北等温带地区，虽然鄂西地处北亚热带地区，但其海拔较高，气候相对冷湿，适于泥炭藓的生长和发育。鄂西亚高山泥炭藓沼泽湿地的海拔为1 500～1 800 m，年日照时数为1 000～1 600 h，年均气温为13.0～21.1℃，年均降水量在1 300 mm以上。

6.1.2 鄂西亚高山泥炭藓沼泽湿地分布状况

通过分析第二次全国湿地资源调查过程中提供的鄂西湿地遥感影像资料，结合实地调查发现，鄂西亚高山泥炭藓沼泽湿地主要分布在宣恩七姊妹山国家级自然保护区、咸丰二仙岩省级自然保护区、大九湖国家湿地公园(图 6-1)及后河国家级自然保护区内。具体调查方法如下：依据各斑块的特点以及典型性和代表性要求布设样带和样方，其中灌木层样方为4 m×4 m，记录灌木的种类、株数、平均冠幅和平均高度；草本层样方为1 m×1 m，记录植物的种类、株数、高度和盖度；苔藓层样方为0.5 m×0.5 m，记录苔藓的盖度、株数和藓丘的高度。

图 6-1　大九湖泥炭藓沼泽湿地

本次调查发现鄂西亚高山泥炭藓沼泽湿地在七姊妹山国家级自然保护区有九排、马舍、火烧堡和白茅坪 4 个斑块，二仙岩省级自然保护区仅水杉坪一个斑块，大九湖国家湿地公园有核心区和七里荒两个斑块，后河国家级自然保护区仅黄粮坪一个斑块。七姊妹山国家级自然保护区内的泥炭藓沼泽湿地面积最大，为 974.46 hm^2，大九湖国家湿地公园内泥炭藓沼泽湿地面积为 280.81 hm^2，二仙岩省级自然保护区内泥炭藓沼泽湿地面积为 20.61 hm^2，后河国家级自然保护区内泥炭藓沼泽湿地面积仅有 2.67 hm^2（图 6-2）。

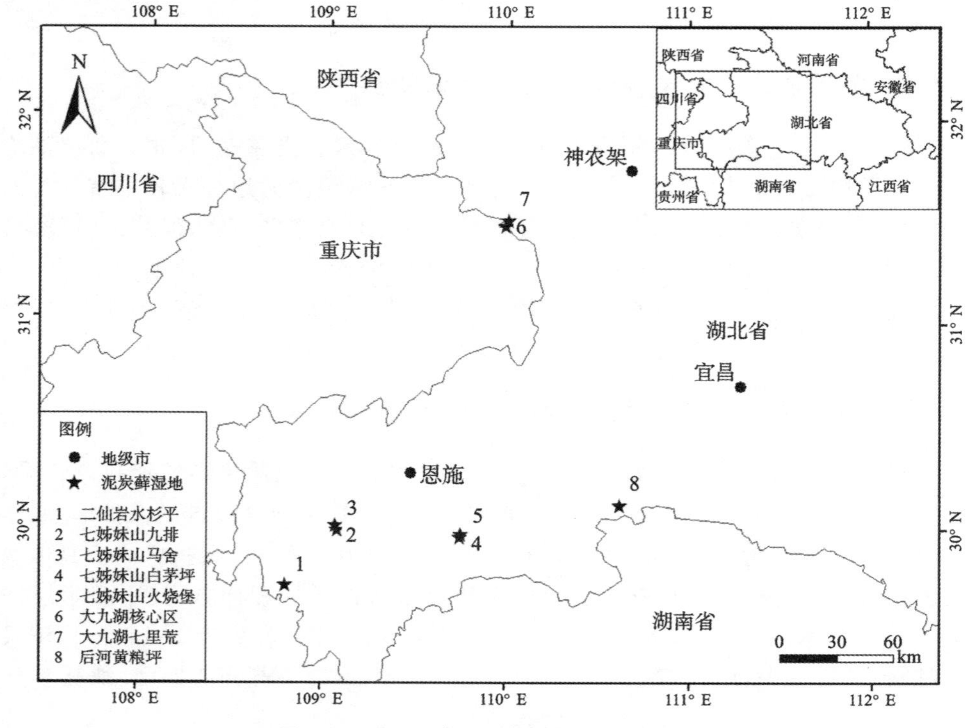

图 6-2　鄂西亚高山泥炭藓沼泽湿地分布

6.2 鄂西亚高山泥炭藓沼泽湿地高等植物多样性

6.2.1 泥炭藓沼泽湿地高等植物组成

依据调查结果并结合已有资料，鄂西亚高山泥炭藓沼泽湿地高等植物物种多样性丰富，共有65科127属194种(表6-1)，分别占全国湿地高等植物科、属、种总数的37.79%、25.85%和11.81%，分别占湖北省湿地高等植物科、属、种总数的79.27%、50.20%和28.91%。其中苔藓植物4科4属4种，蕨类植物7科8属9种，种子植物54科115属181种。在鄂西亚高山泥炭藓沼泽湿地高等植物中，科、属的优势现象明显，包含6种以上(含6种，下同)的科有11个，其种类占鄂西亚高山泥炭藓沼泽湿地高等植物总种数的54.12%，其中蔷薇科(Rosaceae)23种，禾本科(Poaceae)12种，蓼科(Polygonaceae)11种。包含5种以上的属有6个，其中蓼属(*Polygonum*)9种，珍珠菜属(*Lysimachia*)6种，薹草属(*Carex*)、灯心草属(*Juncus*)、绣球属(*Hydrangea*)和荚蒾属(*Viburnum*)各5种(表6-2)。

七姊妹山国家级自然保护区内泥炭藓沼泽湿地共有高等植物39科61属87种，分别占全国湿地高等植物科、属、种数的22.67%、12.32%和5.30%，分别占湖北省湿地高等植物科、属、种总数的47.56%、23.92%和13.00%，其中苔藓植物2科2属2种，蕨类植物4科4属4种，种子植物33科55属81种。七姊妹山泥炭藓沼泽湿地高等植物中包含4种以上科的有8个，占七姊妹山国家级自然保护区泥炭藓沼泽湿地高等植物总种数的54.02%，其中蔷薇科12种，禾本科、虎耳草科和杜鹃花科各6种，忍冬科5种。

二仙岩省级自然保护区内泥炭藓沼泽湿地共有高等植物44科67属82种，分别占全国湿地高等植物科、属、种总数的25.58%、13.54%和5.00%，分别占湖北省湿地高等植物科、属、种总数的53.66%、26.27%和12.22%。其中苔藓植物2科2属2种，蕨类植物6科7属7种，种子植物36科58属73种。二仙岩省级自然保护区泥炭藓沼泽湿地高等植物中包含4种以上的科有4个，占二仙岩省级自然保护区泥炭藓沼泽湿地高等植物总种数的34.15%，其中蔷薇科11种，蓼科7种，禾本科6种，灯心草科4种。

大九湖国家湿地公园内泥炭藓沼泽湿地高等植物共有28科38属51种，分别占全国湿地高等植物科、属、种总数的16.27%、7.68%和3.11%，分别占湖北省湿地高等植物科、属、种总数的34.15%、14.90%和7.60%。其中苔藓植物4科4属4种，蕨类植物1科1属1种，种子植物23科33属46种。大九湖国家湿地公园泥炭藓沼泽湿地高等植物中包含4种以上的科有4个，占大九湖国家湿地公园泥炭藓沼泽湿地高等植物总种数的37.25%，其中蔷薇科6种，莎草科5种，禾本科和蓼科各4种。

后河国家级自然保护区内泥炭藓沼泽湿地共有高等植物29科46属50种，分别占全国湿地高等植物科、属、种总数的16.86%、9.29%和3.05%，分别占湖北省湿地高等植物科、属、种总数的35.37%、18.04%和7.45%，其中苔藓植物2科2属2种，蕨类植物2科2属3种，种子植物25科42属45种。后河国家级自然保护区泥炭藓沼泽湿地高等植物中包含4种以上科的有3个，占后河国家级自然保护区泥炭藓沼泽湿地高等植物总种数的26%，其中蔷薇科5种,莎草科和杜鹃花科各4种。

表6-1 鄂西亚高山泥炭藓沼泽湿地高等植物物种组成

物种	七姊妹山	二仙岩	大九湖	后河
1. 泥炭藓科 Sphagnaceae				
泥炭藓 *Sphagnum palustre*	√	√	√	√
2. 皱蒴藓科 Aulacomniaceae				
沼泽皱蒴藓 *Aulacomnium androgynum*			√	
3. 万年藓科 Climaciaceae				
东亚万年藓 *Climacium japonicum*			√	
4. 金发藓科 Polytrichaceae				
大金发藓 *Polytrichum commune*	√	√	√	√
5. 石松科 Lycopodiaceae				
石松 *Lycopodium japonicum*	√	√		
6. 木贼科 Equisetaceae				
问荆 *Equisetum arvense*		√		
7. 紫萁科 Osmundaceae				
桂皮紫萁 *Osmundastrum cinnamomeum*				√
紫萁 *O. japonica*	√	√	√	√
8. 蕨科 Pteridiaceae				
蕨 *Pteridium aquilinum* var. *latiusculum*	√	√		
9. 蹄盖蕨科 Athyriaceae				
东洋对囊蕨 *Athyriopsis japonica*		√		
10. 金星蕨科 Thelypteridaceae				
普通针毛蕨 *Macrothelypteris torresiana*		√		
中日金星蕨 *Parathelypteris nipponica*	√	√		
11. 水龙骨科 Polypodiaceae				
江南星蕨 *Microsorum fortunei*				√
12. 杨柳科 Salicaceae				
大叶杨 *Populus lasiocarpa*	√			
皂柳 *Salix wallichiana*	√	√		
13. 桦木科 Betulaceae				
藏刺榛 *Corylus ferox* var. *thibetica*	√			
14. 壳斗科 Fagaceae				
栗 *Castanea mollissima*		√		
茅栗 *Castanea seguinii*	√			
15. 桑科 Moraceae				

续表

物种	七姊妹山	二仙岩	大九湖	后河
鸡桑 *Morus australis*		√		
16. 荨麻科 Urticaceae				
荨麻 *Urtica fissa*				√
17. 蓼科 Polygonaceae				
金线草 *Antenoron filiforme*	√			
水蓼 *Polygonum hydropiper*		√		
圆穗蓼 *Polygonum macrophyllum*			√	
尼泊尔蓼 *P. nepalense*			√	
杠板归 *Polygonum perfoliatum*		√		
春蓼 *Polygonum persicaria*		√		
箭头蓼 *P. sagittatum*		√		
戟叶蓼 *P. thunbergii*	√	√	√	√
香蓼 *P. viscosum*	√	√		
珠芽蓼 *P. viviparum*			√	
虎杖 *Reynoutria japonica*		√		
18. 水青树科 Tetracentraceae				
水青树 *Tetracentron sinense*				√
19. 连香树科 Cercidiphyllaceae				
连香树 *Cercidiphyllum japonicum*				√
20. 毛茛科 Ranunculaceae				
唐松草 *Thalictrum aquilegifolium var. sibiricum*			√	
21. 小檗科 Berberidaceae				
巴东小檗 *Berberis veitchii*		√		
22. 樟科 Lauraceae				
三桠乌药 *Lindera obtusiloba*	√	√		√
山鸡椒 *L. cubeba*	√	√		
宜昌木姜子 *L. ichangensis*	√	√		
木姜子 *L. pungens*	√			
23. 茅膏菜科 Droseraceae				
圆叶茅膏菜 *Drosera rotundifolia*			√	
24. 虎耳草科 Saxifragaceae				
落新妇 *Astilbe chinensis*	√	√	√	√
冠盖绣球 *Hydrangea anomala*	√			
白背绣球 *H. hypoglauca*	√			√

续表

物种	七姊妹山	二仙岩	大九湖	后河
莼兰绣球 *H. longipes*	√			
蜡莲绣球 *H. strigosa*	√			
马桑绣球 *H. aspera*	√			
25. 蔷薇科 Rosaceae				
华中樱桃 *Cerasus conradinae*	√	√		
尾叶樱桃 *C. dielsiana*	√	√		√
云南樱桃 *C. yunnanensis*		√		
泡叶栒子 *Cotoneaster bullatus*	√	√		
木帚栒子 *C. dielsianus*		√		
平枝栒子 *C. horizontalis*	√			
华中栒子 *C. silvestrii*		√		
东方草莓 *Fragaria orientalis*	√	√	√	
野草莓 *Fragaria vesca*				√
湖北海棠 *Malus hupehensis*	√	√	√	
火棘 *Pyracantha fortuneana*				√
卵果蔷薇 *Rosa helenae*	√	√		
野蔷薇 *R. multiflora*				√
白叶莓 *Rubus innominatus*	√			
针刺悬钩子 *R. pungens*	√			
香莓 *R. pungens* var. *oldhamii*	√			
三花悬钩子 *R. trianthus*	√	√		
矮地榆 *Sanguisorba filiformis*			√	
地榆 *S. officinalis*			√	
长叶地榆 *S. officinalis* var. *longifolia*			√	
石灰花楸 *Sorbus folgneri*		√		√
华西花楸 *S. wilsoniana*	√			
粉花绣线菊 *Spiraea japonica*			√	
26. 豆科 Leguminosae				
两型豆 *Amphicarpaea edgeworthii*		√		
红车轴草 *Trifolium pratense*			√	
27. 牻牛儿苗科 Geraniaceae				
湖北老鹳草 *Geranium rosthornii*			√	
汉荭鱼腥草 *G. robertianum*				√
老鹳草 *G. wilfordii*			√	

续表

物种	七姊妹山	二仙岩	大九湖	后河
28. 大戟科 Euphorbiaceae				
乳浆大戟 *Euphorbia esula*			√	
29. 马桑科 Coriariaceae				
马桑 *Coriaria nepalensis*				√
30. 漆树科 Anacardiaceae				
三叶漆树 *Terminthia paniculata*	√	√		
野漆树 *Toxicodendron succedaneum*	√			
31. 冬青科 Aquifoliaceae				
具柄冬青 *Ilex pedunculosa*		√		
三花冬青 *I. triflora*	√	√		
32. 卫矛科 Celastraceae				
卫矛 *Euonymus alatus*		√		
雷公藤 *Tripterygium wilfordii*		√		
33. 槭树科 Aceraceae				
中华槭 *Acer sinense*				√
34. 凤仙花科 Balsaminaceae				
细柄凤仙花 *Impatiens leptocaulon*		√		
35. 鼠李科 Rhamnaceae				
勾儿茶 *Berchemia sinica*		√		
冻绿 *Rhamnus utilis*			√	
36. 葡萄科 Vitaceae				
毛葡萄 *Vitis heyneana*	√			
37. 椴树科 Tiliaceae				
粉椴 *Tilia oliveri*	√			
38. 猕猴桃科 Actinidiaceae				
小叶猕猴桃 *Actinidia lanceolata*	√			
39. 藤黄科 Guttiferae				
赶山鞭 *Hypericum attenuatum*	√	√		√
小连翘 *H. erectum*				√
40. 堇菜科 Violaceae				
鸡腿堇菜 *Viola acuminata*			√	
如意草 *V. ercuata*	√	√	√	
41. 胡颓子科 Elaeagnaceae				
披针叶胡颓子 *Elaeagnus lanceolata*	√			

续表

物种	七姊妹山	二仙岩	大九湖	后河
42. 柳叶菜科 Onagraceae				
长籽柳叶菜 *Epilobium pyrricholophum*	√	√		√
43. 五加科 Araliaceae				
头序楤木 *Aralia chinensis* var. *dasyphylloides*				√
食用土当归 *A. cordata*	√			
44. 伞形科 Umbelliferae				
拐芹 *Angelica polymorpha*				√
北柴胡 *Bupleurum chinense*			√	
小柴胡 *Bupleurum tenue*			√	
窄叶水芹 *Oenanthe thomsonii* subsp. *stenophylla*	√			√
45. 山茱萸科 Cornaceae				
灯台树 *Cornus controversa*		√		
四照花 *Cornus kousa* subsp. *chinensis*		√		
46. 杜鹃花科 Ericaceae				
灯笼花 *Agapetes lacei*	√	√		√
吊钟花 *Enkianthus quinqueflorus*				√
小果珍珠花 *Lyonia ovalifolia* var. *elliptica*	√			
云锦杜鹃 *Rhododendron fortunei*	√			
粉白杜鹃 *R. hypoglaucum*	√			
杜鹃 *R. simsii*	√			√
四川杜鹃 *R. sutchuenense*	√			
小叶南烛 *Vaccinium bracteatum* var. *chinense*				√
47. 报春花科 Primulaceae				
矮桃 *Lysimachia clethroides*				√
延叶珍珠菜 *L. decurrens*		√		
宜昌过路黄 *L. henryi*	√	√		
山萝过路黄 *L. melamphyroides*	√			
珍珠菜属一种 *L.* sp.	√			
腺药珍珠菜 *L. stenosepala*	√	√		
无粉报春 *Primula efarinosa*			√	
48. 山矾科 Symplocaceae				
白檀 *Symplocos paniculata*	√	√		√
49. 木犀科 Oleaceae				
楷叶梣 *Fraxinus retusifoliolata*	√			

续表

物种	七姊妹山	二仙岩	大九湖	后河
蜡子树 *Ligustrum molliculum*	√	√		
小蜡 *L. sinense*				√
50. 马钱科 Loganiaceae				
大叶醉鱼草 *Buddleja davidii*	√			
51. 龙胆科 Gentianaceae				
少叶龙胆 *Gentiana oligophylla*			√	
椭圆叶花锚 *Halenia elliptica*	√			
獐牙菜 *Swertia bimaculata*				√
紫红獐牙菜 *S. punicea*		√		
52. 萝藦科 Asclepiadaceae				
隔山消 *Cynanchum wilfordii*		√		
53. 唇形科 Labiatae				
小叶地笋 *Lycopus cavaleriei*		√		
保留小叶地笋 *L. coreanus* var. *cavaleriei*	√			
夏枯草 *Prunella vulgaris*			√	
拟缺香茶菜 *Isodon excisoides*		√		
54. 玄参科 Scrophulariaceae				
扭旋马先蒿 *Pedicalaris torta*			√	
美观马先蒿 *P. decora*			√	
法氏马先蒿 *P. fargesii*	√		√	
55. 茜草科 Rubiaceae				
臭味新耳草 *Neanotis ingrata*		√		√
茜草 *Rubia cordifolia*			√	
56. 忍冬科 Caprifoliaceae				
淡红忍冬 *Lonicera acuminata*	√	√		√
红荚蒾 *Viburnum erubescens*	√			
聚花荚蒾 *V. glomeratum*	√			
蝴蝶戏珠花 *V. plicatum* var. *tomentosum*				√
茶荚蒾 *V. setigerum*	√	√		
合轴荚蒾 *V. sympodiale*	√			
57. 菊科 Compositae				
黄腺香青 *Anaphalis aureo-punctata*				√
绒毛黄腺香青 *A. aureo-punctata var. tomentosa*				√
珠光香青 *A. margaritacea*		√		

续表

物种	七姊妹山	二仙岩	大九湖	后河
异叶泽兰 *Eupatorium heterophyllum*				√
欧亚旋覆花 *Inula britanica*			√	
狭苞橐吾 *Ligularia intermedia*	√			
橐吾属的一种 *L.* sp.			√	
一枝黄花 *Solidago decurrens*	√			
58. 禾本科 Poaceae				
荩草 *Arthraxon hispidus*		√		
拂子茅 *Calamagrostis epigeios*	√	√	√	√
朝阳隐子草 *Cleistogenes hackeli*	√			
野青茅 *Deyeuxia pyramidalis*			√	
箱根野青茅 *D. hakonensis*	√			
箭竹 *Fargesia spathacea*	√			
紫羊茅 *Festuca rubra*			√	
芒 *Miscanthus sinensis*	√	√		√
求米草 *Oplismenus undulatifolius*	√	√		
糠稷 *Panicum bisulcatum*		√		
水竹 *Phyllostachys heteroclada*		√		
早熟禾属的一种 *Poa* sp.			√	
59. 莎草科 Cyperaceae				
阿齐薹草 *Carex argyi*			√	
宜昌薹草 *C. ascocetra*	√			
川东薹草 *C. fargesii*	√	√		√
柄状薹草 *C. pediformis*				√
大理薹草 *C. rubro-brunnea var. taliensis*	√			
两歧飘拂草 *Fimbristylis dichotoma*				√
羽毛荸荠 *Eleocharis wichurai*			√	
牛毛毡 *H. yokoscensis*			√	
华刺子莞 *Rhynchospora chinensis*			√	
庐山藨草 *Scirpus lushanensis*	√	√	√	√
60. 天南星科 Araceae				
菖蒲 *Acorus calamus*		√	√	
一把伞南星 *Arisaema erubescens*	√	√		
61. 谷精草科 Eriocaulaceae				
谷精草 *Eriocaulon buergerianum*		√		

续表

物种	七姊妹山	二仙岩	大九湖	后河
62. 鸭跖草科　Commelinaceae				
鸭跖草　*Commelina communis*		√		
63. 灯心草科　Juncaceae				
葱状灯心草　*Juncus allioides*			√	
星花灯心草　*J. diastrophanthus*		√		
灯心草　*J. effusus*		√	√	
圆柱叶灯心草　*J. prismatocarpus subsp. teretifolius*	√			
野灯心草　*J. setchuensis*	√	√	√	√
散序地杨梅 *Luzula effusa*	√	√		
64. 百合科　Liliaceae				
粉条儿菜　*Aletris spicata*	√			
大百合　*Cardiocrinum giganteum*				√
黄花菜　*Hemerocallis citrina*		√		
紫萼　*Hosta ventricosa*	√	√		
宜昌百合　*Lilium leucanthum*				√
菝葜　*Smilax china*				√
鞘柄菝葜　*S. stans*		√		
藜芦　*Veratrum nigrum*			√	
65. 兰科　Orchidaceae				
二叶舌唇兰　*Platanthera chlorantha*		√		
朱兰　*Pogonia japonica*		√		
绶草　*Spiranthes sinensis*			√	

表 6-2　鄂西亚高山泥炭藓沼泽湿地高等植物优势科物种数及占比

优势科	物种数	占总物种数的比例/%
蔷薇科(Rosaceae)	23	11.86
禾本科(Gramineae)	12	6.19
蓼科(Polygonaceae)	11	5.67
蓼科 Polygonaceae	11	5.15
莎草科 Cyperaceae	10	4.12
杜鹃花科 Ericaceae	8	4.12
菊科 Compositae	8	4.12
报春花科 Primulaceae	7	3.61
虎耳草科 Saxifragaceae	6	3.09

续表

优势科	物种数	占总物种数的比例/%
忍冬科 Caprifoliaceae	6	3.09
灯心草科(Juncus)	5	3.09
其他科	89	45.88

6.2.2 鄂西亚高山泥炭藓沼泽湿地群丛类型与结构

依据《中国湿地植被》中的分类原则、分类依据和分类单位，根据调查结果并参考已有资料将鄂西亚高山泥炭藓沼泽湿地分为20个群丛(表6-3)，即大理薹草-泥炭藓群丛(Ass. *Carex rubrobrunnea* var. *taliensis-Sphagnum palustre*)、灯笼花＋芒-泥炭藓群丛(Ass. *Agapetes lacei*＋*Miscanthus sinensis-Sphagnum palustre*)、灯笼花＋野灯心草-泥炭藓群丛(Ass. *Agapetes lacei*＋*Juncus setchuensis-Sphagnum palustre*)、川东薹草＋拂子茅-泥炭藓群丛(Ass. *Carex fargesii*＋*Calamagrostis epigeios-Sphagnum palustre*)、川东薹草-泥炭藓群丛(Ass. *Carex fargesii-Sphagnum palustre*)、庐山藨草-泥炭藓群丛(Ass. *Scirpus lushanensis-Sphagnum palustre*)、卵果蔷薇＋臭味新耳草-泥炭藓群丛(Ass. *Rosa helenae* ＋ *Neanotis ingrata-Sphagnum palustre*)、水竹-泥炭藓群丛(Ass. *Phyllostachys heteroclada-Sphagnum palustre*)、小叶地笋＋庐山藨草-泥炭藓群丛(Ass. *Lycopus cavaleriei*＋*Scirpus lushanensis-Sphagnum palustre*)、小叶地笋＋野灯心草-泥炭藓群丛(Ass. *Lycopus cavaleriei*＋*Juncus setchuensis-Sphagnum palustre*)、小叶地笋-泥炭藓群丛(Ass. *Lycopus cavaleriei-Sphagnum palustre*)、野灯心草＋箱根野青茅-泥炭藓群丛(Ass. *Juncus setchuensis*＋*Deyeuxia hakonensis-Sphagnum palustre*)、野灯心草＋宜昌薹草-泥炭藓群丛(Ass. *Juncus setchuensis*＋*Carex ascotreta-Sphagnum palustre*)、野灯心草-泥炭藓群丛(Ass. *Juncus setchuensis-Sphagnum palustre*)、阿齐薹草-泥炭藓群丛(Ass. *Carex argyi-Sphagnum palustre*)、冻绿-阿齐薹草-泥炭藓群丛(Ass. *Rhamnus utilis* ＋*Carex argyi-Sphagnum palustre*)、华刺子莞-泥炭藓群丛(Ass. *Rhynchospora chinensis-Sphagnum palustre*)、早熟禾＋羽毛荸荠-泥炭藓群丛(Ass. *Poa* sp. ＋ *Eleocharie wichurae-Sphagnum palustre*)、紫羊茅-泥炭藓群丛(Ass. *Festuca rubra-Sphagnum palustre*)、小叶南烛-川东薹草-泥炭藓群丛(Ass. *Vaccinium bracteatum* var. *chinese-Carex fargesii-Sphagnum palustre*)。

其中分布范围相对较广，群落结构比较典型的群丛有7个，现分述如下：

(1)野灯心草-泥炭藓群丛

该群丛分布在七姊妹山国家级自然保护区和二仙岩省级自然保护区内，群丛分为草本层和地被层。草本层的盖度达75%以上，优势种野灯心草生长旺盛，茎直立丛生，平均高度为0.55 m，平均盖度达45%以上，伴生种主要有拂子茅、戟叶蓼、堇菜等。地被层植被类型比较单一，仅泥炭藓一种。泥炭藓的盖度达80%以上，藓丘的平均高度为0.20 m。

(2)川东薹草-泥炭藓群丛

该群丛在七姊妹山国家级自然保护区和二仙岩省级自然保护区内均有分布，其草本层的盖度达70%以上，优势种为川东薹草，平均高度为0.70 m，常有野灯心草与其混生，其他伴生种主要有拂子茅、堇菜等。地被层泥炭藓生长密集，长势良好，盖度为100%，藓丘的平均高度为0.21 m。

(3)大理薹草-泥炭藓群丛

该群丛在七姊妹山国家级自然保护区的四个斑块内均有分布，主要分布在林间平地或洼地，草本层的平均盖度为75%，优势种大理薹草生长旺盛，平均盖度为60%，平均高度为0.65 m，主要伴生种有求米草、堇菜等。地被层平均盖度为100%，除泥炭藓外还伴生有大金发藓，其中泥炭藓藓丘的平均高度为0.25 m，大金发藓的数量不多，没有独立形成的藓丘。

(4)小叶地笋-泥炭藓群丛

该群丛分布在七姊妹山国家级自然保护区内，草本层的平均盖度为70%，优势种为小叶地笋，平均高度为0.55 m，平均盖度达55%。另有拂子茅、江南灯心草、堇菜等植物在该群丛中出现。地被层仅泥炭藓一种，藓丘的平均高度为0.25 m，泥炭藓的平均盖度为55%。

(5)水竹-泥炭藓群丛

该群丛分布于二仙岩水杉坪沼泽湿地斑块内。群丛外貌不齐，水竹长势较好，其平均高度为2.0 m，有湖北海棠、淡红忍冬等灌木伴生其中。地被层泥炭藓的平均盖度为90%，藓丘的平均高度为0.21 m，另有拂子茅、庐山藨草、紫萼、野灯心草、蕨等散生于泥炭藓中。

(6)紫羊茅-泥炭藓群丛

该群丛分布于大九湖核心区泥炭藓沼泽湿地斑块内，面积相对较大。草本层的平均盖度为45%，优势种紫羊茅秆直立，密丛生，平均高度为0.60 m，平均盖度为30%，羽毛荸荠常与紫羊茅混生在一起，其他伴生种主要有华刺子莞、地榆、矮地榆等。地被层的平均盖度为100%，其中泥炭藓平均盖度为95%，藓丘的平均高度为0.22 m。地被层中有小面积的大金发藓生长，并形成高度为0.25 m的藓丘。

(7)小叶南烛-川东薹草-泥炭藓群丛

该群丛分布于后河国家级自然保护区地势低洼的黄粮坪斑块内，群落结构包括灌木层、草本层和地被层。灌木层中，优势种小叶南烛的平均高度为2.2 m，另有灯笼花、杜鹃等灌木伴生其中。草本层的平均盖度为75%，优势种川东薹草的平均高度为0.65 m，平均盖度为55%，伴生种主要有拂子茅、两歧飘拂草等。地被层主要为泥炭藓，平均盖度为70%，藓丘的平均高度为0.23 m，偶见种为大金发藓。

表6-3 鄂西亚高山泥炭藓沼泽湿地植物群丛类型及其分布

群丛编号	群丛类型	七姊妹山	二仙岩	大九湖	后河
1	大理薹草-泥炭藓群丛 Ass. *Carex rubro brunnea* var. *taliensis*-*Sphagnum palustre*	√			
2	灯笼花＋芒-泥炭藓群丛 Ass. *Agapetes lacei*＋*Miscanthus sinensis*-*Sphagnum palustre*		√		
3	灯笼花-野灯心草-泥炭藓群丛 Ass. *Agapetes lacei*＋*Juncus setchuensis*-*Sphagnum palustre*		√		
4	川东薹草＋拂子茅-泥炭藓群丛 Ass. *Carex fargesii*＋*Calamagrostis epigeios*-*Sphagnum palustre*	√			

续表

群丛编号	群丛类型	七姊妹山	二仙岩	大九湖	后河
5	川东薹草-泥炭藓群丛 Ass. *Carex fargesii-Sphagnum palustre*	√	√		
6	庐山藨草-泥炭藓群丛 Ass. *Scirpus lushanensis-Sphagnum palustre*		√		
7	卵果蔷薇-臭味新耳草-泥炭藓群丛 Ass. *Rosa helenae*＋*Neanotis ingrata-Sphagnum palustre*		√		
8	水竹-泥炭藓群丛 Ass. *Phyllostachysheteroclada-Sphagnum palustre*		√		
9	小叶地笋＋庐山藨草-泥炭藓群丛 Ass. *Lycopus cavaleriei*＋*Scirpus lushanensis-Sphagnum palustre*	√			
10	小叶地笋＋野灯心草-泥炭藓群丛 Ass. *Lycopus cavaleriei*＋*Juncus setchuensis-Sphagnum palustre*	√			
11	小叶地笋-泥炭藓群丛 Ass. *Lycopus cavaleriei-Sphagnum palustre*	√			
12	野灯心草＋箱根野青茅-泥炭藓群丛 Ass. *Juncus setchuensis*＋*Deyeuxia hakonensis-Sphagnum palustre*	√			
13	野灯心草＋宜昌薹草-泥炭藓群丛 Ass. *Juncus setchuensis*＋*Carex ascotreta-Sphagnum palustre*	√			
14	野灯心草-泥炭藓群丛 Ass. *Juncus setchuensis-Sphagnum palustre*	√	√		
15	阿齐薹草-泥炭藓群丛 Ass. *Carex argyi-Sphagnum palustre*			√	
16	冻绿-阿齐薹草-泥炭藓群丛 Ass. *Rhamnus utilis*＋*Carex argyi-Sphagnum palustre*			√	
17	华刺子莞-泥炭藓群丛 Ass. *Rhynchospora chinensis-Sphagnum palustre*			√	
18	早熟禾＋羽毛荸荠-泥炭藓群丛 Ass. *Poa* sp. ＋*Eleocharis wichurae-Sphagnum palustre*			√	
19	紫羊茅-泥炭藓群丛 Ass. *Festuca rubra-Sphagnum palustre*			√	
20	小叶南烛-川东薹草-泥炭藓群丛 Ass. *Vaccinium bracteatum* var. *chinense-Carex fargesii-Sphagnum palustre*				√

七姊妹山国家级自然保护区内泥炭藓沼泽湿地分布在林间平地或洼地，九排、马舍、火烧堡和白茅坪四个斑块共有9个群丛，各群丛的总盖度都接近100%，泥炭藓的平均盖度为88%。除野灯心草-泥炭藓群丛的泥炭藓盖度为51%以外，其他群丛泥炭藓的盖度都在90%以上。大理薹草-泥炭藓群丛在七姊妹山国家级自然保护区的4个斑块中都有分布，该群丛草本层的平均盖度为75%，优势种大理薹草的平均盖度为60%，平均高度为0.65 m，伴

生种主要有求米草、堇菜等;地被层泥炭藓的平均盖度为100%,藓丘的平均高度为0.25 m,伴生种为大金发藓。小叶地笋-泥炭藓群丛也是七姊妹山国家级自然保护区内分布范围较广的群丛类型之一。该群丛草本层的平均盖度为70%,优势种小叶地笋的平均盖度为55%,平均高度为0.55 m,伴生种主要有拂子茅、圆柱叶灯心草、堇菜等;地被层泥炭藓的平均盖度为100%,藓丘的平均高度为0.25 m。

二仙岩省级自然保护区内,泥炭藓沼泽湿地的分布区域——水杉坪属于山间平地,包括7个群丛,其中4个为灌木群丛,3个为草本群丛。7个群丛的总盖度都接近于100%,泥炭藓的平均盖度为90%。除卵果蔷薇+臭味新耳草-泥炭藓群丛的泥炭藓盖度为50%外,其他群丛泥炭藓的盖度都在80%以上。水竹-泥炭藓群丛是二仙岩水杉坪沼泽湿地斑块中较为特殊的一类,由灌木层和地被层构成。灌木层优势种水竹的平均高度为2.0 m,平均冠幅为0.5 m,伴生种主要有湖北海棠、淡红忍冬等;地被层泥炭藓的平均盖度为90%,藓丘的平均高度为0.21 m。该群丛草本层种类很少,仅拂子茅、庐山藨草等散生于泥炭藓中。野灯心草-泥炭藓群丛是水杉坪沼泽湿地斑块中面积较大的一类,由草本层和地被层构成。草本层的平均盖度为80%,优势种野灯心草的平均盖度为45%,平均高度为0.55 m,伴生种主要有拂子茅、戟叶蓼、堇菜等;地被层泥炭藓的平均盖度为100%,藓丘的平均高度为0.2 m。

大九湖国家湿地公园内泥炭藓沼泽湿地分布在地势低洼的核心区和七里荒,有5个群丛,包括1个灌木群丛和4个草本群丛。每个群丛的总盖度都接近于100%,泥炭藓的平均盖度在95%以上。紫羊茅-泥炭藓群丛位于大九湖核心区沼泽湿地斑块内,面积相对较大。该群丛草本层的平均盖度为45%,优势种紫羊茅的平均高度为0.60 m,平均盖度为30%;泥炭藓平均盖度为96%,藓丘的平均高度为0.22 m,大金发藓小面积生长,并形成高度为0.25 m的藓丘。

后河国家级自然保护区内泥炭藓沼泽湿地分布在地势低洼的黄粮坪,群丛类型为小叶南烛-川东薹草-泥炭藓群丛。该群丛分为灌木层、草本层和地被层。灌木层中,小果南烛的平均高度为2.2 m,平均冠幅为4.5 m,伴生种主要有灯笼花、杜鹃等;草本层的平均盖度为75%,优势种川东薹草的平均高度为0.65 m,平均盖度为55%,伴生种主要有拂子茅、两歧飘拂草等;泥炭藓的平均盖度为70%,藓丘的平均高度为0.23 m,偶见种为大金发藓。

综上,鄂西泥炭藓沼泽湿地主要分布在七姊妹山、二仙岩、大九湖和后河等四个保护区内,总面积为1 278.69 hm^2,共有高等植物65科127属194种,植被类型有大理薹草-泥炭藓群丛(Ass. *Carex rubro-brunnea* var. *taliensis-Sphagnum palustre*)、水竹-泥炭藓群丛(Ass. *Phyllostachys heteroclada-Sphagnum palustre*)、紫羊茅-泥炭藓群丛(Ass. *Festuca rubra-Sphagnum palustre*)、小叶南烛-川东薹草-泥炭藓群丛(Ass. *Vaccinium bracteatum* var. *chinense-Carex fargesii-Sphagnum palustre*)等20个群丛。

第七章

神农架大九湖湿地浮游生物群落结构特征

大九湖湿地属典型的亚高山沼泽型湿地湖泊，是汉江最大支流——堵河的发源地和南水北调中线工程的重要水源涵养地之一，也是世界著名的人与生物圈保护区和生物多样性保护示范点的缓冲区。然而，大九湖湿地曾经历大规模开垦种植、养殖等活动，导致生态环境退化、水质下降、湖泊水面消失和湿地生态系统向陆生生态系统演化，湿地生态系统曾被侵蚀殆尽（杜耘 等，2008；姜刘志 等，2013；谭开甲，2014）。2005 年启动、2008 年开始实施的“大九湖湿地保护与恢复及公园建设工程”，对大九湖湿地进行平沟还湖、退耕还泽还草、植被恢复等工程，恢复了 9 个子湖湖面（姜刘志 等，2013）。目前，尽管大九湖湿地的生态环境有所改善，但其水体透明度仍不高。

7.1 大九湖湿地浮游生物群落结构研究目的与方法

7.1.1 大九湖湿地浮游生物群落结构研究目的

浮游植物是湿地生态系统敞水区的主要初级生产者，其种类组成、数量及多样性对水环境变化反应敏感（Katsiapi，2016），常作为评估水质和水生态状况的重要指示生物指标（Huszar et al.，2016）。浮游植物优势种在未受污染的水体中往往表现多样性高，且以硅藻为主，同时有少量蓝藻和绿藻；而受污染水体中浮游植物多样性明显减少，群落组成也发生变化，硅藻不再占优势，各种蓝藻、绿藻大量繁殖，成为优势种，因此在不同的污水带中有不同的指示藻类出现。浮游植物如蓝藻门的部分种类在生长旺盛时，能够聚集堆积在水面，散发出难闻的气味，影响生态景观，破坏水生态系统平衡，且当藻细胞衰亡后，体内毒素及其衍生物会释放到水体中，对人畜饮用水安全构成严重威胁。

浮游动物常常是湖泊生态系统中的主要次级消费者，是影响湖泊生态系统结构与功能以及对人类干扰反应敏感的关键类群。浮游动物在湖泊营养状态评估和富营养湖泊的生态治理上具有重要的地位。浮游动物生态位处于鱼类和浮游植物之间，以其作为指示种，不仅能反映鱼类对浮游动物的捕食压力大小以及浮游动物对浮游植物的捕食压力等信息，也能够指示水体污染水平，并揭示湖泊水环境存在的问题，最终能为湖泊的生态修复提供方向。因此，浮游动物群落结构与环境因子的关系不仅是基础湖沼学研究的热点，也是应用湖沼学研究的主要内容，在水环境评价和水质保护等方面占有重要地位。

本研究于 2014—2015 年对大九湖湿地 9 个子湖的浮游植物群落结构、后生浮游动物群落结构及环境因子首次开展了较系统地调查，分析了大九湖湿地浮游植物种类优势种组成及其对水生态系统潜在的指示效应，以及后生浮游动物种类组成及其对水污染状态的指示，并分析了影响浮游植物种类组成和后生浮游动物污染类型指示组成的关键环境因子。本研究将为合理评估大九湖湿地水质营养状况和实施有针对性的生态保护措施保障水源涵养地水质安全提供科学依据，也将为大九湖湿地的长期保护与治理增添水生态基础资料（刘林峰 等，2018；潘超 等，2018）。

7.1.2 浮游生物研究方案与分析方法

(1)研究地点和采样时间

大九湖湿地包括9个子湖，地势由南向北逐渐降低，并由沟渠串联连接在一起，水流流向是从D1～D9，最后经落水孔进入地下河（图7-1）。每个子湖又可从其周边接纳雨水和少量居民生活排放的污水。采样期间，大九湖周边居民（包括游客）主要集中在D1号湖和D2号湖旁边（采样期间，周边居民尚未开始搬迁，旅游季游客主要住宿在D1号湖旁边的大九湖镇），部分污水就近排放。

采样时间为2014年11月（水温约8.5℃，枯水期）、2015年5月（水温约17.1℃，平水期）和2015年9月（水温约20.3℃，丰水期）。由于大九湖冬季大雪封山，湖面结冰，因此未在冬季采样。大九湖9个湖泊面积从D1～D9号湖分别约为18.2 hm^2、11.0 hm^2、4.2 hm^2、7.4 hm^2、26.0 hm^2、1.5 hm^2、4.0 hm^2、3.8 hm^2、2.8 hm^2，面积主要是水面覆盖的区域，不包含周边的湿生植物生长区域，水深范围1.0～2.5 m（李俊 等，2017）。

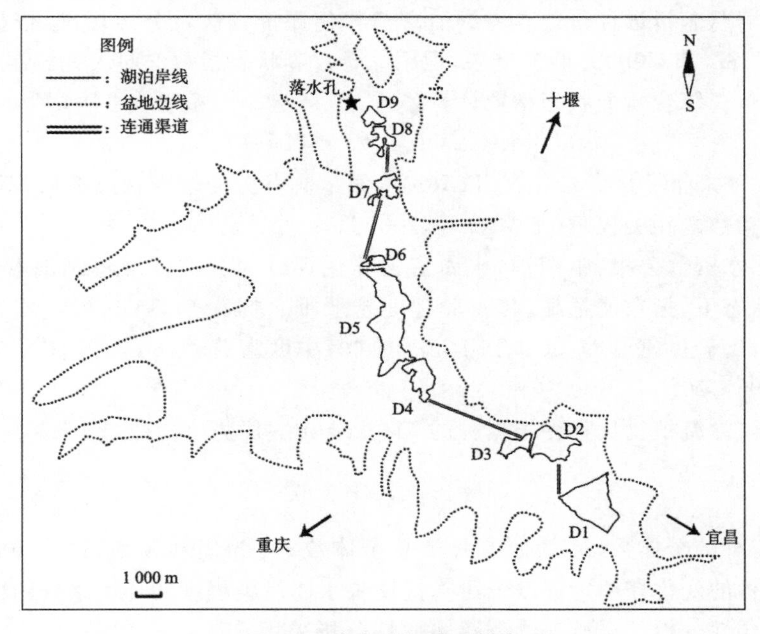

图7-1 大九湖湿地采样点

(2)样本采集及分析

在各个子湖湖中心区域监测水质理化指标和采集浮游植物样品。

透明度(SD)采用塞氏盘(Secchi-disk)现场测定，水温(WT)、pH值和溶解氧(DO)等参数采用Hydro lab DS5多参仪（美国）现场测定。

用5 L有机玻璃采水器采集水表面下0.5 m处水样，在湖中心区域随机采集4次，共计

20 L 水样放置在用湖水洗净的塑料桶内，混合后取约 2.5 L 水样低温保存，带回实验室分析水质。总氮（TN）、总磷（TP）和高锰酸盐指数（COD_{Mn}）等水质指标的检验方法依据《水和废水监测分析方法（第四版）》。

浮游植物样品是取上述混合水样 1 L 置于广口塑料瓶中用于浮游植物鉴定，现场加入约水样体积 1%的鲁哥试剂固定，带回实验室静置 24 h 以上后沉淀、浓缩并在尼康倒置显微镜下计数镜检，浮游植物鉴定参照《中国淡水藻类：系统、分类及生态》，浮游植物尽量鉴定到种，其中部分硅藻鉴定到属。计数方法为目镜视野法，用 0.1 ml 浮游植物计数框在 10×40 倍光学显微镜下进行，一般计数 50 个视野，使所得到的细胞数在 300 以上，每个样品至少计数 2 片，对量小而个体大的种类在 10×10 倍下全片计数。根据浓缩倍数换算为每升水样中的细胞数（cells/L），即浮游植物的丰度。由于浮游植物的比重接近 1，故可以直接由浮游植物的体积换算为生物量（鲜重），即生物量为浮游植物的丰度乘以各自的平均体积，单位为 mg/L。

后生浮游动物样品采用 5 L 采水器于水面下从 0.5～1.5 m 处均匀采集 10 次，共计 50 L 水样，用 25＃浮游生物网（64 μm）过滤、浓缩，并定容至 50 ml，用福尔马林（5%）固定后带回实验室，用于浮游动物定量分析。浮游动物鉴定和生物量换算参考相关文献（蒋燮治 等，1979；沈嘉瑞 等，1979；王家楫，1961；黄祥飞，2000）。

（3）数据处理及分析

1）综合营养状态指数评价。参考湖泊富营养化评价方法及分级标准，依据 Chl-*a*（叶绿素 *a*）、TP、TN、SD 和 COD_{Mn} 监测结果，运用综合营养状态指数法对大九湖湿地生态系统健康状况进行评价。综合营养状态指数计算公式：

$$\mathrm{TLI}(\Sigma)=\Sigma W_j \cdot \mathrm{TLI}(j)$$

式中，TLI(Σ)为综合营养状态指数；TLI(j)为第 j 种参数的营养状态参数；W_j 为第 j 种参数的营养状态指数的相关权重（王明翠 等，2002）。

参考《中国水资源公报》中湖泊、水库富营养化评分与分类标准将湖泊营养状态分成 5 级，同一营养状态下，指数值越高，其营养程度越严重。贫营养：TLI(Σ) ＜ 30；中营养：30 ≤TLI(Σ)≤ 50；轻度富营养：50＜TLI(Σ)≤ 60；中度富营养：60＜TLI(Σ)≤ 70；重度富营养：TLI(Σ)＞ 70。

2）优势种。浮游植物优势种根据种的 Mcnaughton 优势度指数（Y）来确定：

$$Y=\frac{n_i}{N}\times f_i \times 100\%$$

式中，n_i 为第 i 种的个体数，N 为所有种类总个体数，f_i 为出现频率，$Y>0.02$ 的种类视为优势种。优势种的变化在一定程度上可直接反映水体污染程度和环境条件的改变。

3）生物多样性分析。浮游植物群落多样性分析采用 Shannon-Wiener 多样性指数（H'）和 Margalef 物种多样性指数（D）。

H'值 0～1 表示水质严重污染，1～2 表示水质为 α-中污型，2～3 表示水质为 β-中污型，＞3 表示水体清洁；D 值 0～1 表示水质状况为多污型，1～2 表示水质为 α-中污型，2～3 表示水质为 β-中污型，3～4 为寡污型，＞4 表示水质清洁。

4）浮游动物指示污染等级。浮游动物对水环境的污染等级指示分类分为寡污（oligosaprobity）、寡污-β-中污（oligo-β-mesosaprobity）、β-中污（β-mesosaprobity）、β-α-中污（β-α-mesosaprobity)、α-中污(α-mesosaprobity)几种类型。优势种的变化在一定程度上可直接反映水体污染程度的改变。

5)数据分析。大九湖水体各理化指标沿水流方向变化趋势通过 SPSS Statistics 22.0 进行 Pearson 线性相关分析,$P<0.05$ 表示有显著差异,$P<0.01$ 表示有极显著差异。大九湖浮游植物与环境因子关系采用多元分析进行。大九湖后生浮游动物按照指示污染类型分类,与环境因子关系采用多元分析进行。浮游植物和浮游动物运用降趋势对应分析(DCA)确定浮游植物丰度是适合线性分析还是单峰梯度分析。本研究中最大轴小于3,因此采用冗余分析(RDA)探讨大九湖湿地浮游植物和浮游动物丰度与环境因子(包括 WT、DO、pH、TN、TP、SD 和 COD_{Mn} 值)的关系。为了获得数据正态分布,将浮游植物、浮游动物和环境因子(除 pH)均进行 $\ln(x+1)$ 转换。DCA 和 RDA 分析通过 CANOCO 4.5 进行。

7.1.3 大九湖湿地水体理化特征和变化规律

采样期间,2014 年 11 月大九湖的 WT 均值为 8.5℃,2015 年 5 月为 17.1℃,2015 年 9 月为 20.3℃;DO 在 2014 年 11 月均值为 9.5 mg/L,2015 年 5 月为 8.9 mg/L,2015 年 9 月为 7.1 mg/L;pH 值在 2014 年 11 月均值为 7.9,2015 年 5 月为 8.6,2015 年 9 月为 8.0(表 7-1)。

大九湖 TN 均值范围为 0.8~0.9 mg/L;TP 均值为 0.03~0.05 mg/L;SD 均值范围为 32~102 cm,11 月 SD 最高,9 月最低;Chl-*a* 浓度均值范围为 28.6~44.8 μg/L,11 月最低,9 月最高;COD_{Mn} 均值 11 月最低,5 月和 9 月值接近(表 7-1)。TLI 均值范围为 47.9~49.6(表 7-1),部分子湖营养状态指数值为 50~60(图 7-2),表明大九湖湿地水质处于中营养和轻度富营养水平之间。

大九湖湿地水体各理化指标沿水流方向呈下降趋势,其中 11 月 TP、Chl-*a*、TLI 显著下降($P<0.05$),2015 年 5 月 TN、TP 沿水流方向显著下降($P<0.01$),2015 年 9 月 SD 显著下降($P<0.05$)(图 7-2),但 SD 均值在 9 月最低(表 7-1)。

表 7-1 大九湖湿地不同水情水质理化特征

参数	2014 年 11 月	2015 年 5 月	2015 年 9 月
WT/℃	8.5*(6.7~10.7)**	17.1(14.8~18.6)	20.3(18.4~22.0)
DO/(mg·L^{-1})	9.5(8.7~10.7)	8.9(7.2~10.1)	7.1(6.1~8.8)
pH	7.9(7.3~8.6)	8.6(7.8~9.4)	8.0(7.4~8.9)
TN/(mg·L^{-1})	0.8(0.5~1.8)	0.9(0.5~1.4)	0.8(0.6~1.3)
TP/(mg·L^{-1})	0.03(0.01~0.05)	0.03(0.01~0.07)	0.05(0.03~0.08)
SD/cm	102(70~180)	44(30~110)	32(20~60)
Chl-*a*/(μg·L^{-1})	28.6(10.8~52.9)	42.7(7.9~127.2)	44.8(24.8~95.5)
COD_{Mn}/(mg·L^{-1})	4.0(2.5~4.9)	5.6(4.4~6.4)	5.4(3.7~6.5)
TLI	47.9(43.4~54.8)	49.5(38.3~60.4)	49.6(46.1~56.8)

*采样期间参考的平均值;**采样期间获得的数据范围。

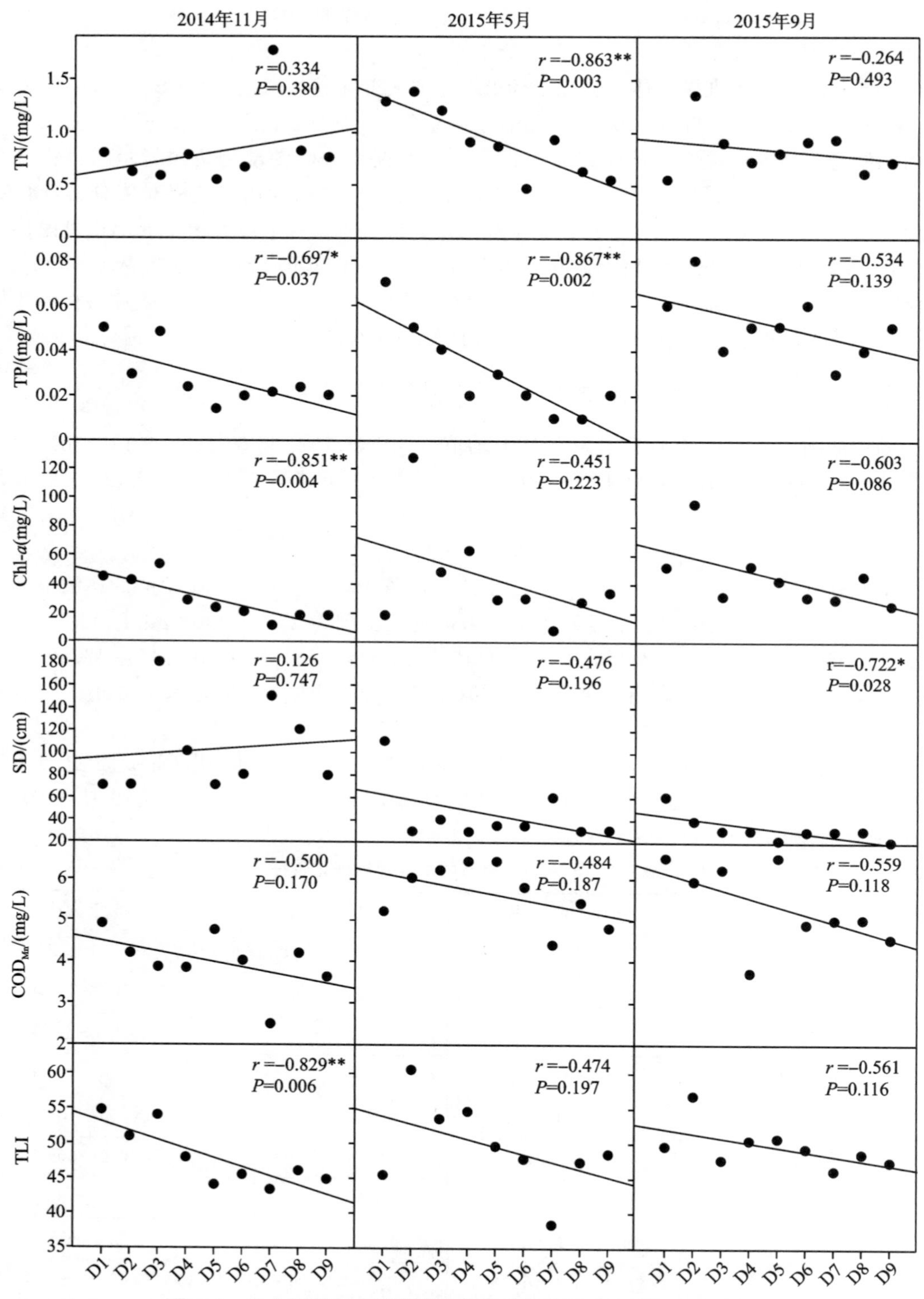

图 7-2　大九湖湿地各子湖理化因子特征和沿水流方向变化趋势

（* 在 0.05 水平上显著相关；** 在 0.01 水平上显著相关）

7.2 大九湖湿地浮游植物群落结构特征及营养状态评价

7.2.1 大九湖湿地浮游植物结构特征

(1)浮游植物种类组成及优势种

采样期间,在大九湖湿地3次调查中共采集到浮游植物129种,其中蓝藻门15种、绿藻门61种、硅藻门32种、裸藻门13种、隐藻门3种、甲藻门2种、金藻门2种和黄藻门1种。

从季节来看,2014年11月采集到浮游植物51种,优势种是绿藻门的四尾栅藻、硅藻门的颗粒直链藻和短缝藻;2015年5月采集到浮游植物55种,优势种为蓝藻门的小席藻、绿藻门的四尾栅藻和球衣藻、硅藻门的短线脆杆藻;2015年9月采集到浮游植物89种,优势种为蓝藻门的拟柱孢藻、小形色球藻和泽丝藻(表7-2);优势种主要是α-中污型或β-中污型指示种。

表7-2 大九湖湿地不同季节浮游植物优势种组成和优势值

种类	污染类型	优势种		
		2014年11月	2015年5月	2015年9月
蓝藻门				
小席藻 *Phormidium tenue*	α-中污型		0.14	
拟柱孢藻 *Cylindrospermopsis raciborskii*	*			0.06
小形色球藻 *Chroococcusminor*	*			0.03
泽丝藻 *Limnothrix redekei*	*			0.18
绿藻门				
四尾栅藻 *Scenedesmus quadricauda*	α-中污型	0.13	0.07	
球衣藻 *Chlamydomonas globosa* Snow	β-中污型		0.11	
硅藻门				
颗粒直链藻 *Melosira granulata*	β-中污型	0.07		
短缝藻 *Eunotia* sp.	α-中污型	0.06		
短线脆杆藻 *Fragilaria brevistriata*	β-中污型		0.04	

注:*表示污染类型不确定。

(2)浮游植物丰度和生物量

大九湖湿地各子湖2014年11月浮游植物丰度为9.00×10^4~1.37×10^7 cells/L,D1子湖丰度最高,硅藻门短缝藻为最优势种,丰度占74.6%;D7子湖丰度最低,硅藻门颗粒直链藻为最优势种,丰度占74.8%。2015年5月浮游植物丰度为1.20×10^6~2.62×10^7 cells/L,D1子湖丰度最高,蓝藻门小席藻为最优势种,占81.6%;D7子湖最低,硅藻门颗粒直链藻为最优势种,占50%。2015年9月浮游植物丰度为1.53×10^7~7.18×10^8 cells/L,D1子湖丰度最高，蓝藻门泽丝藻为最优势种，占 69.4%；D6 子湖最低，硅藻门具槽直链藻为最优势种，占 35.1%（图 7-3a）。浮游植物丰度沿水流方向在 3 次采样时均呈降低趋势，但方差分析结果不显著（图 7-3a）。

大九湖湿地各子湖 2014 年 11 月浮游植物生物量为 0.19～33.63 mg/L（图 7-3b），D1 子湖生物量最高，硅藻门短缝藻占 90.8%；D7 子湖生物量最低，颗粒直链藻占 67.2%。2015 年 5 月浮游植物生物量为 0.27～2.05 mg/L，D3 子湖生物量最高，硅藻门双头辐节藻占 72.1%；D7 子湖生物量最低，颗粒直链藻占 54.5%。2015 年 9 月浮游植物生物量为 3.28～13.42 mg/L，D8 子湖生物量最高，甲藻门飞燕角甲藻占 40.7%；D7 子湖生物量最低，黄藻门黄丝藻占 34.1%（图 7-3b）。在 2014 年 11 月，浮游植物沿水流方向有明显降低趋势，而 2015 年 5 月和 9 月沿水流方向无明显变化（图 7-3b）。

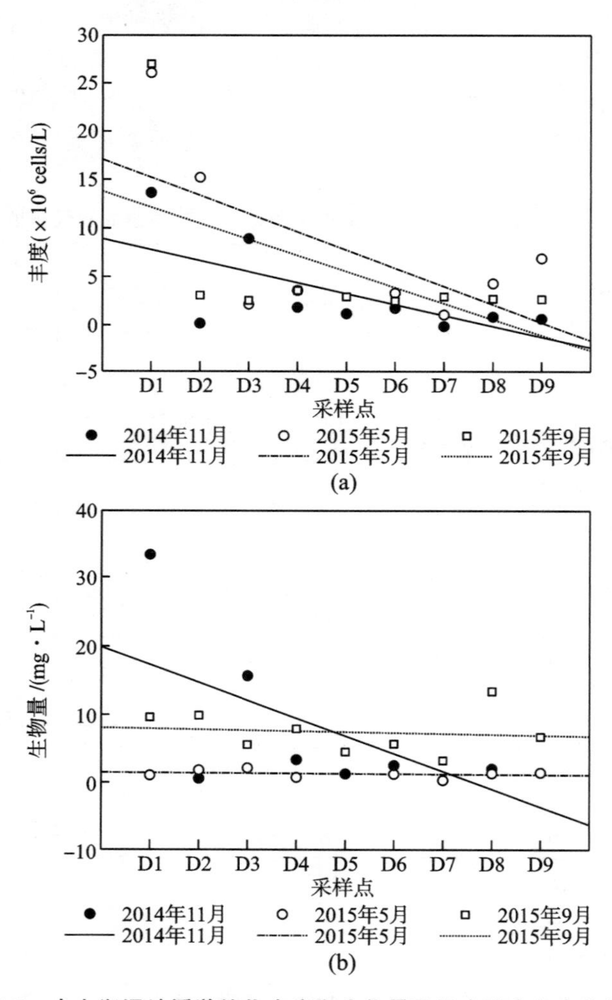

图 7-3 大九湖湿地浮游植物丰度和生物量及沿水流方向变化趋势

大九湖湿地浮游植物比例分析结果表明（图 7-4），2014 年 11 月 9 个子湖丰度均以硅藻和绿藻为主，而硅藻生物量占绝对优势。2015 年 5 月 D1 子湖丰度中蓝藻占 87.9%，D2～D4 子湖丰度中绿藻比例超过 50%，D6 中蓝藻、绿藻、硅藻和金藻比例均在 20%以上，而 D7

～D9子湖以绿藻和硅藻为主；2015年5月各子湖生物量硅藻占优势。2015年9月D1～D9子湖丰度以蓝藻和绿藻为主；从生物量结果来看，D1子湖生物量蓝藻占80.6%，D4子湖蓝藻占38.3%，而D2、D6和D9以硅藻为主，D3裸藻占37.1%，D5黄藻占49.4%，D8硅藻和甲藻分别占34.0%和40.7%。

从季节上来看，从2014年11月—2015年9月，蓝藻和绿藻的丰度和生物量呈增加趋势，而硅藻的生物量呈减少趋势(图7-4)。

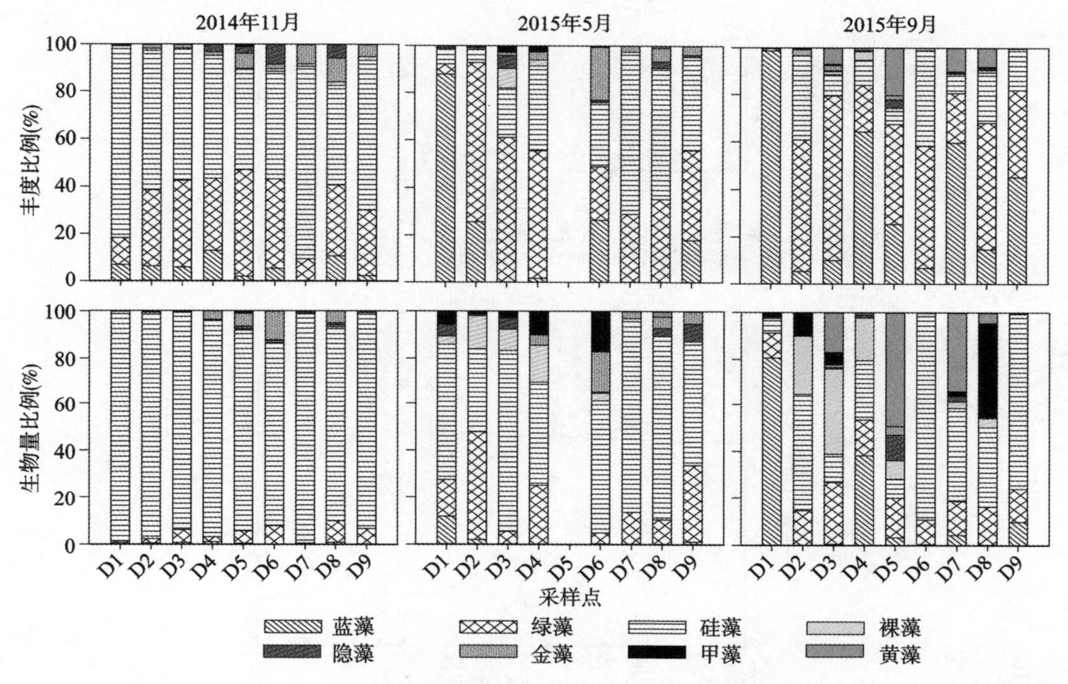

图7-4 大九湖湿地浮游植物各门丰度比例和生物量比例

(3)浮游植物多样性指数

采样期间大九湖Shannon-Wiener指数值为1.0～3.0(图7-5a)，指示水质处于α-中污型；Margalef指数2014年11月为3.0～6.0(图7-5b)，指示水质属于寡污型，2015年5月和9月指数值多处于1.0～2.0，表明水质处于α-中污型。从两个多样性指数的水质生物学评价总体情况来看，水质处于中度污染状态(图7-5)。Shannon-Wiener指数沿水流方向有增高趋势，而D值变化趋势不明显(图7-5)。

7.2.2 大九湖湿地浮游植物与环境因子关系

通过冗余分析(RDA)可以看出，浮游植物各门丰度和生物量分别与环境因子之间的关系。基于丰度，主成分轴1和轴2特征值分别是0.264和0.136，即前两个轴共解释了40.0%的浮游植物各门的丰度变化(图7-6a)。主成分轴1和轴2的物种与环境因子相关性分别为82.1%和77.1%，两轴累计百分比变化率为81.3%，表明前两个轴的物种与环境因子相关性高，RDA蒙特卡罗检验前向选择检验表明TP和TN对浮游植物丰度变化有显著影响(图7-6a)，这两个变量共解释了34.0%(分别为25.0%和9.0%)(图7-6a)。TP与金藻丰度呈负相关，而与其他各门藻丰度呈正相关；而总氮与裸藻丰度呈正相关，而与其他各门藻丰度呈负相关。

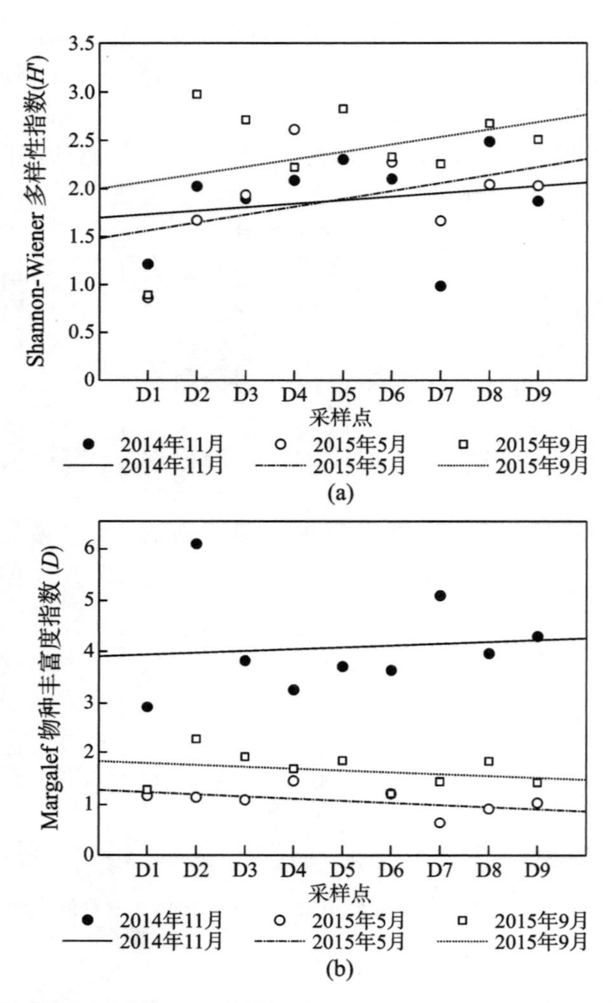

图 7-5 大九湖湿地不同子湖浮游植物多样性指数变化及沿水流方向变化趋势

基于生物量，主成分轴 1 和轴 2 特征值分别是 0.339 和 0.040，即前两个轴共解释了 37.9%的浮游植物各门的生物量变化(图 7-6b)。主成分轴 1 和轴 2 的物种与环境因子相关性分别为 66.9%和 59.3%，两轴累计百分比变化率为 95.6%，表明前两个轴的物种与环境因子相关性高。RDA 蒙特卡罗检验前向选择检验表明 TP 和 WT 对浮游植物生物量变化有显著影响(图 7-6b)。这两个变量共解释了 27.0%(分别为 11.0%和 16.0%)(图 7-6b)。TP 与金藻生物量呈负相关，而与其他各门藻呈正相关；而 WT 与金藻和硅藻呈负相关，与其他各门藻亦呈负相关。

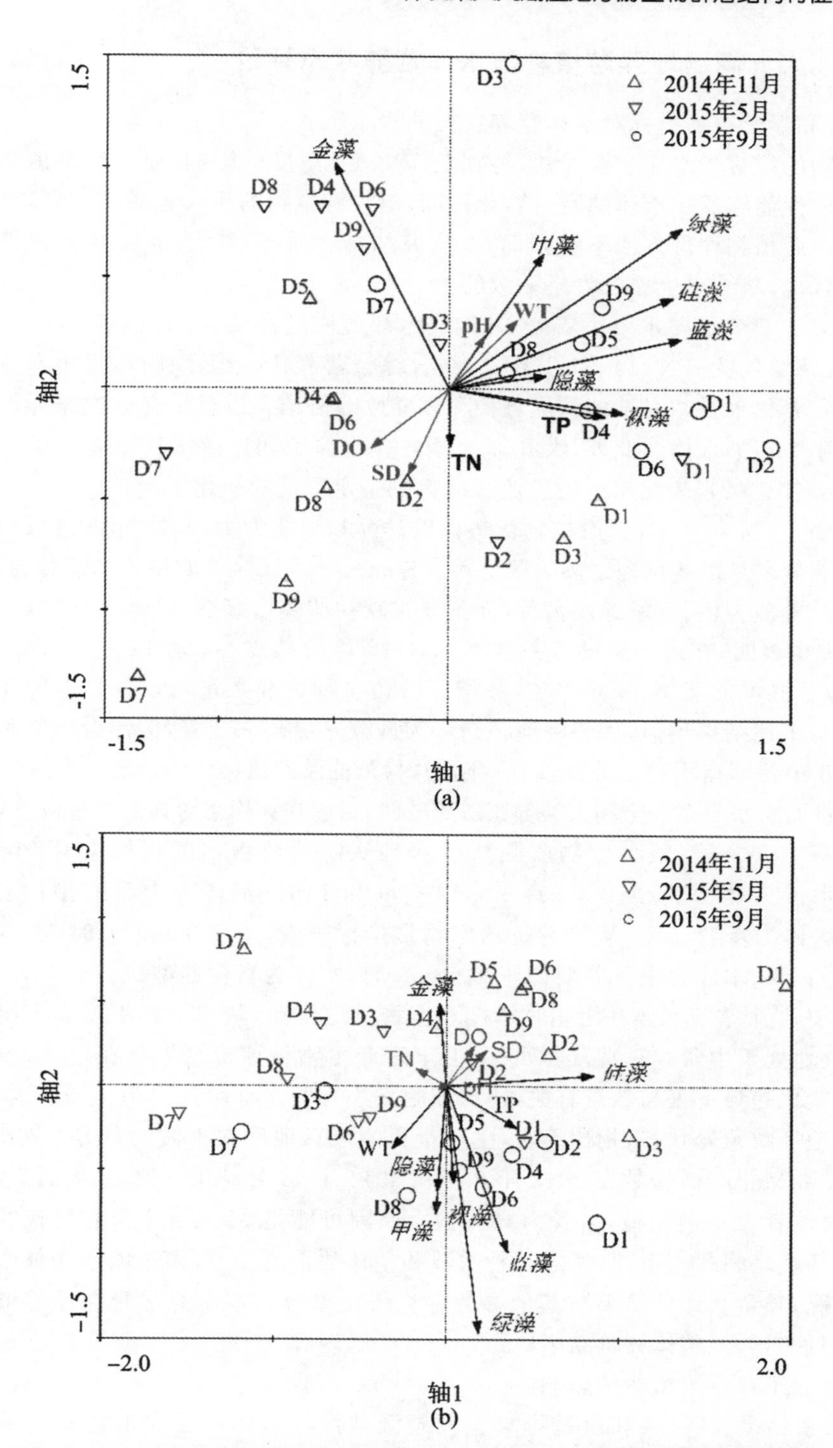

图 7-6 大九湖浮游植物、环境变量和采样点的冗余分析三元图(黑体为显著性变量)

(a)丰度;(b)生物量

D1～D9 分别代表大九湖湿地 9 个子湖;黑线为显著性环境变量,灰线为非显著性环境变量。

7.2.3　大九湖湿地浮游植物与水体营养状态评价

(1)水质和浮游植物指标对水体营养状态的指示

浮游植物的群落受水体中营养盐，特别是 TN、TP 浓度的影响，通过浮游植物群落的种类组成及多样性能够反映水体的富营养化程度，但浮游植物的生长还受其他环境因子影响，因此单一的浮游植物评价方法不够全面，本研究结合水质指标和浮游植物来评价大九湖湿地水体营养状况，从结果上看二者是一致的。

大九湖湿地 9 个子湖水质主要处于《地表水环境质量标准》(GB 3838—2002)Ⅲ～Ⅳ类水，主要超标污染物为 TN、TP 和 COD_{Mn}，结合综合营养状态指数评价，指示水体处于中营养—轻度富营养化水平。浮游植物优势种和多样性分析结果也显示在 3 次采样期间大九湖湿地水体属于中污染水体。此外，大九湖水体各理化因子和浮游植物丰度等指标沿水流方向呈下降趋势(图 7-2)，表明水质沿水流方向得到一定程度的净化。

本研究中，2014 年 11 月浮游植物优势种以硅藻和绿藻为主，2015 年 5 月以绿藻和蓝藻为主，而 2015 年 9 月以蓝藻和绿藻为优势种。Sommer 等认为浮游植物的演替规律大致为：冬春以隐藻和硅藻为主，夏季绿藻占优，而到夏末秋初蓝藻占优势，秋季则硅藻再次占优势。Wang 等研究也表明，在未污染的天然淡水水体中，浮游植物春秋季以喜低温的硅藻、金藻为主，夏季以喜高温的蓝藻、绿藻为主，冬季浮游植物种类和数量均较少。本研究中浮游植物演替规律与上述结果类似，优势种演替趋势为硅藻—绿藻—蓝藻，但浮游植物种类主要为α-中污型或β-中污型指示种。此外，2015 年 9 月检测的浮游植物优势种之一为拟柱孢藻，拟柱孢藻由于产毒而对水生态安全和人类健康造成威胁，目前在饮用水源地监测中被重点关注。

据沈韫芬(1990)著《微型生物监测新技术》，从浮游植物丰度指标来看，小于 3×10^5 cells/L 时，水体为贫营养型；$3\times10^5\sim1\times10^6$ cells/L 时，水体为中营养型；大于 1×10^6 cells/L 时，水体为富营养型；从浮游植物生物量指标来看，小于 1 mg/L 时，水体为贫营养型；1～5 mg/L 时，水体为中营养型；5～10 mg/L 时，水体为富营养型。

本研究中，3 个季节水体浮游植物丰度和生物量均较高，基于上述丰度和生物量评价标准，大九湖湿地处于中营养—富营养水平，但丰度和生物量评价结果存在差异，原因可能是藻类生物量变化趋势不仅与数量有关，还与细胞大小有关。有研究表明，浮游植物的丰度特征不能客观地反映营养状态，相比而言，生物量更能可靠地反映水质的营养状态。Shannon-Wiener 指数和 Margalef 指数在 2015 年 5 月和 2014 年 11 月结果一致，水质属于α-中污型，而在 11 月时前者为α-中污型，后者为寡污型。原因可能是 Margalef 指数反映的是浮游植物种类数与环境之间的关系，只考虑了种类数和个体数量的关系，而忽略了个体数量在各种间分配的状况，导致其评价结果与其他参数存在一定差异。本研究尽管在浮游植物指标评价上存在少量差异，但整体评价结果一致。

(2)环境因子对浮游植物的影响

RDA 分析结果表明，磷和氮是影响大九湖湿地浮游植物丰度和生物量的重要营养要素，其中总磷对浮游植物丰度和生物均有显著影响。大量的研究表明，磷或氮往往是浮游植物生长和分布的限制因子，营养盐是浮游植物存活的必要条件，浮游植物的物种多样性、丰度和生物量与营养盐的组成和浓度是密不可分的。

在 RDA 图中(图 7-6)，除金藻外，其他各门藻类丰度和生物量均与 TP 箭头方向一致，即 TP 含量较高的区域，这些区域主要是 2015 年 9 月采样点和其他两个月的 D1、D2 采样点，该区域磷浓度相对较高，有利于浮游植物的生长。在研究期间，大九湖湿地周边的土地已经退耕还林还草，农业面源污染很少，其人为干扰主要是大九湖镇的居民和游客带来的生活废水。旅游主要从 5 月开始，7—10 月是旅游旺季，10 月黄金周后游客变少，其中干扰最严重的区域就是位于大九湖镇旁边的 D1 和 D2 号湖。

本研究中，沿湿地的水流方向，营养盐呈下降趋势，也验证了外源污染输入集中在 D1 和 D2 等子湖。而对于氮的作用，RDA 分析结果表明总氮对浮游植物丰度也有显著影响，但总氮与藻类丰度(除裸藻外)呈负相关。氮的来源除了生活废水外，有研究表明大气沉降也是水体氮最主要来源，降雨增加湿地接收来自大气沉降的氮，提高水体中氮的含量，因此氮的影响更复杂。

本研究中，大九湖 2014 年 11 月 TN/TP 比均值为 34.1，2015 年 5 月 TN/TP 比为 39，2015 年 9 月 TN/TP 比为 17.2。Abell 等认为 TN/TP 比$<$7 时(以质量记)是氮限制，也有一些研究者给出不同的比例。Downing 等认为，氮限制或磷限制主要取决于磷的水平，当 TP$>$0.03 mg/L 时，总氮与叶绿素 a 的变化显著相关。而在针对高山湖泊的研究发现，氮和磷协同影响浮游植物的变化，尤其是在一些寡营养的高山湖泊中。在美国科罗拉多山的 8 个湖泊中，有 3 个是氮限制，1 个磷限制，其他 4 个是氮磷共同作用，而在美国瑞尼尔山的 9 个湖泊中主要是氮限制或氮磷共限制。

在大九湖同一类似纬度的平原湖泊——太湖水体中，氮、磷浓度存在较大的季节变化，氮在春季和冬季浓度较高，而夏季和秋季浓度较低；磷浓度的季节变化与氮相反，春季和冬季浓度较低，而夏季和秋季相对较高；对应于氮、磷浓度的季节变化，N/P 比值也呈现较大的季节变化，冬季和春季 TN/TP 比值变化范围为 30～80，TDN/TDP 比值变化范围为 52～212，而夏季比值均降到小于 20，表明氮和磷会同时显著影响浮游植物的变化或不同季节间氮磷交替影响浮游植物的变化。而在黑龙江扎龙湿地，总氮和总磷浓度对黑龙江扎龙湿地浮游植物生长和属种分布影响较大。在大九湖湿地，TN/TP 在 3 个季节均较高，结合 RDA 分析结果和营养盐指标，表明大九湖湿地以磷限制为主。

在大九湖湿地，水温是影响浮游植物生物量季节变化最重要的环境因子，它解释了 16%的浮游植物生物量变化。从 RDA 图上可以看出，水温增高，隐藻、甲藻、裸藻、绿藻和蓝藻丰度和生物量均增高，而金藻和硅藻生物量降低。通常，金藻和硅藻喜低温，温度较低时为优势种，而蓝藻、绿藻喜欢高温，主要出现在温度较高的季节。一般来说，蓝藻、绿藻的生长需要较高的温度，其最适温度为 25～35℃，15℃以下生长受到限制。本研究结果与以上研究结果类似。

从图 7-6 可以看出，不同采样点在季节上有明显区别，且在同一季节不同采样点的浮游植物丰度和生物量也差别较大。研究中，监测到的环境因子对浮游植物丰度和生物量分别解释了 40%和 38%，表明还有其他大量的环境因子对浮游植物丰度和生物量变化产生重要影响。浮游植物丰度和生物量以及群落结构的变化不仅受氮磷等营养盐和温度的影响，还受到流域的土地利用、鱼类的丰度和群落组成、太阳辐射、水生植物和水流流速的影响。

本研究中，大九湖湿地 9 个子湖水生动物结构差异可能对浮游植物的种类丰度和生物量产生影响，例如 2014 年 11 月调查发现，尽管大九湖湿地鲫是绝对优势种，但其中 D1 以鲫和镜鲤为主，D2 和 D4 以鲢和镜鲤为主，D3、D5 和 D9 以鲫为主，D6 以鲢和鲫鱼为主，D7 和 D8 以小型的棒花鱼为主。大量研究表明，浮游生物食性鱼类的捕食是调节浮游动物丰度和种类的主要因子之一，从而间接地影响了水体的浮游植物和理化条件。然而，底栖鱼类如鲤鱼，可能会引起沉积物再悬浮，增加沉积物中营养盐的释放，导致透明度降低，最终也影响浮游植物生长条件。此外，调查中发现D7有较多河蚌，水质清澈见底，D7点在RDA图中也和其他点位存在差异(图7-6)，表明河蚌的存在可能通过滤食影响了浮游植物群落结构，起到控藻和净化水质的作用。因此，大九湖湿地各子湖鱼类优势种群的差异以及底栖动物的差异可能也是影响浮游植物种群结构异质性的原因之一。

总之，综合理化指标、营养状态指数及浮游植物优势种指示法、浮游植物多样性指数等多种方法，表明采样期间大九湖湿地水质营养程度处于中营养—轻度富营养水平。总的来说，利用理化指标和利用浮游植物指标对大九湖湿地水质营养状况分析得到的结果基本一致。另外，大九湖湿地水体各理化指标和综合营养状态指数沿水流方向呈下降趋势，影响浮游植物种群丰度和生物量的主要环境因子除了季节变化外主要就是磷。磷浓度增加与蓝藻和绿藻的丰度和生物量呈正相关，表明外源磷输入的控制应引起重视。

7.3 大九湖后生浮游动物群落结构和水质评价

7.3.1 大九湖湿地后生浮游动物特征

(1)后生浮游动物种类组成及优势种

在大九湖3次调查中共采集到后生浮游动物36种，其中桡足类2种、枝角类5种、轮虫29种(表7-3)。从水情期来看，2014年11月检测到21种，其中桡足类2种、枝角类3种、轮虫16种；2015年5月检测到23种，其中桡足类1种、枝角类2种、轮虫20种；2015年9月检测到19种，其中桡足类均为幼体，枝角类1种，轮虫18种。轮虫在三个水情期均为大九湖后生浮游动物的主要组成部分。2014年11月的优势种是螺形龟甲轮虫和晶囊轮虫；2015年5月的优势种是萼花臂尾轮虫、螺形龟甲轮虫、无棘螺形龟甲轮虫、迈氏三肢轮虫和广生多肢轮虫；2015年9月的优势种是裂足臂尾轮虫、剪形臂尾轮虫和迈氏三肢轮虫(表7-3)。

在3次采样中，o-寡污型7种，占19.4%；o-β-中污型11种，占30.6%；β-中污型13种，占36.1%；β-α中污型占3种，占8.3%；α-中污型2种，占5.6%。2014年11月优势种的污染类型是寡污-β中污型，2015年5月是寡污-β中污型和β-中污型，α-中污型3种。而2015年9月是β-中污型(表7-3)。从不同污染指示种类数量占总种数的比例来看，大九湖水体处于中度污染水平。

表7-3 大九湖不同水情期后生浮游动物种类组成和优势值

种类	污染类型	优势种		
		2014年11月	2015年5月	2015年9月
桡足类 Copepods				
无节幼体 *Nauplius*		0.0241	0.0029	0.1656
剑水蚤幼体 *Cyclopoid copepodites*		0.0076	0.0011	0.0072

续表

种类	污染类型	优势种		
		2014年11月	2015年5月	2015年9月
哲水蚤幼体 *Calanoid copepodites*		0.0002	0.0001	0.0006
广布中剑水蚤 *Mesocyclops leuckarti*	α	0.0189	<0.0001	—
舌状叶镖水蚤 *Phyllodiaptomus tunguidus*	o	0.0021	—	—
枝角类 Cladocerans				
象鼻蚤 *Bosmina* sp.	β	0.0001	—	—
吻状异尖额蚤 *Disparalona rostrata*	β	0.0001	—	—
矩形尖额蚤 *Coronatella rectangula*	β	0.0001	<0.0001	—
模糊秀体蚤 *Diaphanosoma dubium*	β	—	—	0.0006
圆形盘肠蚤 *Chydorus sphaericus*	β	—	0.0001	—
轮虫 Rotifers				
萼花臂尾轮虫 *Brachionus calyciflorus*	β-α	0.0001	0.0278	0.0022
角突臂尾轮虫 *Brachionus angularis*	β-α	0.0001	0.0144	0.0091
尾突臂尾轮虫 *Brachionus forcatus*	β-α	—	0.0001	—
裂足臂尾轮虫 *Brachionus diversicornis*	β	0.0002	0.0009	0.6693
矩形臂尾轮虫 *Brachionus leydigi*	β	—	0.0002	0.0006
壶状臂尾轮虫 *Brachionus urceus*	β	0.0001	<0.0001	0.0006
剪形臂尾轮虫 *Brachionus forficula*	β	—	0.0009	0.0282
蒲达臂尾轮虫 *Brachionus budapestiensi*	β	—	0.0004	—
十指平甲轮虫 *Platyias militaris*	o-β	—	<0.0001	0.0006
螺形龟甲轮虫 *Keratella cochlearis*	o-β	0.7601	0.6353	0.0028
无棘螺形龟甲轮虫 *Keratella cochlearis tecta*	o-β	—	0.0419	0.0070
矩形龟甲轮虫 *Keratella quadrala*	β	—	0.0015	—
曲腿龟甲轮虫 *Keratella valga*	o-β	—		0.0002
晶囊轮虫 *Asplachna* sp.	o-β	0.1426	0.0025	0.0102
迈氏三肢轮虫 *Filinia maior*	β	0.0001	0.2108	0.0507
没尾无柄轮虫 *Ascomorpha ecaudis*	o	—	0.0003	—
长刺异尾轮虫 *Trichocerca longiseta*	o	—	<0.0001	—
对棘异尾轮虫 *Trichocerca stylata*	o	0.0049		0.0042
暗小异尾轮虫 *Trichocerca pusilla*	o	—		0.0010
罗氏异尾轮虫 *Trichocerca rousseleti*	o	—		0.0001
长足轮虫 *Rotarian neplunia*	α	0.0001	0.0008	0.0030
广生多肢轮虫 *Polyarthra vulgaris*	β	0.0041	0.0212	0.0074
郝氏皱甲轮虫 *Ploesoma hudsoni*	o-β	0.0001	0.0001	—
疣毛轮虫 *Synchaeta* sp.	o-β	0.0003	0.0001	—

续表

种类	污染类型	优势种		
		2014 年 11 月	2015 年 5 月	2015 年 9 月
钝齿型似月腔轮虫 *ecane kmarisf. crenata*	o-β	—	—	0.0004
月行腔轮虫 *Lecane luna*	o-β	0.0001	—	—
似月腔轮虫 *Lecane lunar*	o-β	<0.0001	—	—
扁平泡轮虫 *Pompholyx complanata*	o-β	0.0010	—	—
无柄轮虫 *Ascomorpha* sp.	o	0.0042	—	—

注：o ：寡污；o-β：寡污-β 中污；β：β-中污；β-α：β-α 中污；α：α-中污。

(2)后生浮游动物丰度和生物量

大九湖各子湖 2014 年 11 月浮游动物丰度为 0.6～673 ind./L，D4 子湖丰度最高，螺形龟甲轮虫为最优势种，丰度占 96.8%；D8 子湖丰度最低，郝氏皱甲轮虫为最优势种，丰度占 33.3%。2015 年 5 月浮游动物丰度为 119～8 368 ind./L，D4 子湖丰度最高，螺形龟甲轮虫为最优势种，占 82.0%；D2 子湖最低，迈氏三肢轮虫为最优势种，占 64.8%。9 月浮游动物丰度为 14.4～1 076 ind./L，D1 子湖丰度最高，裂足臂尾轮虫为最优势种，占 60.6%；D4 子湖最低，裂足臂尾轮虫为最优势种，占 22.2%(图 7-7a)。浮游动物丰度沿水流方向在 3 次采样时均呈降低趋势，但方差分析结果不显著(图 7-7a)。

大九湖各子湖 11 月浮游动物生物量为 0.01～1.98 mg/L(图 7-2b)，D1 子湖生物量最高，广布中剑水蚤占 52.1%；D7 子湖生物量最低，剑水蚤幼体占 71.8%。5 月浮游动物生物量为 0.21～3.12 mg/L，D4 子湖生物量最高，螺形龟甲轮虫占 65.7%；D1 子湖生物量最低，迈氏三肢轮虫占 25.3%。9 月浮游动物生物量为 0.13～3.54 mg/L，D1 子湖生物量最高，桡足类无节幼体占 70.9%；D4 子湖生物量最低，剑水蚤幼体占 36.9%(图 7-7b)。在 2014 年 11 月和 2015 年 9 月，浮游动物沿水流方向有降低趋势，而 2015 年 5 月沿水流方向无明显变化(图 7-7b)。

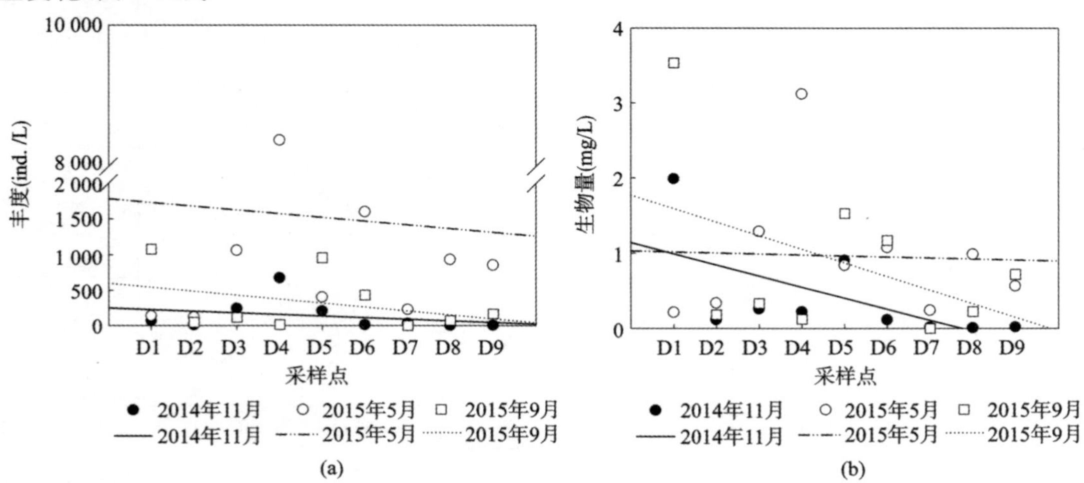

图 7-7 大九湖后生浮游动物丰度和生物量及沿水流方向变化趋势

7.3.2 大九湖湿地后生浮游动物与环境因子关系

通过 RDA 分析可以看出,浮游动物各污染类型的丰度和生物量分别与环境因子之间的关系。基于丰度,主成分轴 1 和轴 2 特征值分别是 0.437 和 0.213,即前两个轴共解释了 65.0%的浮游动物各污染类型的丰度变化(图 7-8a)。主成分轴 1 和轴 2 的物种与环境因子相关性分别为 84.0%和 85.7%,两轴累计百分比变化率为 96.1%,表明前两个轴的物种与环境因子相关性高。RDA 蒙特卡罗检验前向选择检验表明 COD_{Mn} 和 TP 对浮游动物丰度变化有显著影响(图 7-8a)。这两个变量共解释了 47.0%(分别为 30.0%和 17.0%)(图 7-8a)。COD_{Mn} 的箭头与不同浮游动物污染类型箭头的夹角随着污染程度的降低而增大;TP 与 α 和 β-中污呈正相关,而与其他污染类型呈负相关。

基于生物量,主成分轴 1 和轴 2 特征值分别是 0.252 和 0.158,即前两个轴共解释了 41.0%的浮游动物污染类型的生物量变化(图 7-8b)。主成分轴 1 和轴 2 的物种与环境因子相关性分别为 82.1%和 68.1%,两轴累计百分比变化率为 81.1%,表明前两个轴的物种与环境因子相关性高。RDA 蒙特卡罗检验前向选择检验表明 COD_{Mn}、TP 和 DO 对浮游动物生物量变化有显著影响(图 7-8b)。这三个变量共解释了 34.0%(分别为 16.0%、9.0%和 9.0%)(图 7-8b)。COD_{Mn} 的箭头方向与 β、β-α 和 o-β 中污型浮游动物呈正相关,而与 α 和 o 污染类型浮游动物相关性不大;而 TP 和 DO 与 β、β-α 类和 o-β 中污型浮游动物呈负相关,而与 α 和 o 污染类型浮游动物呈正相关。

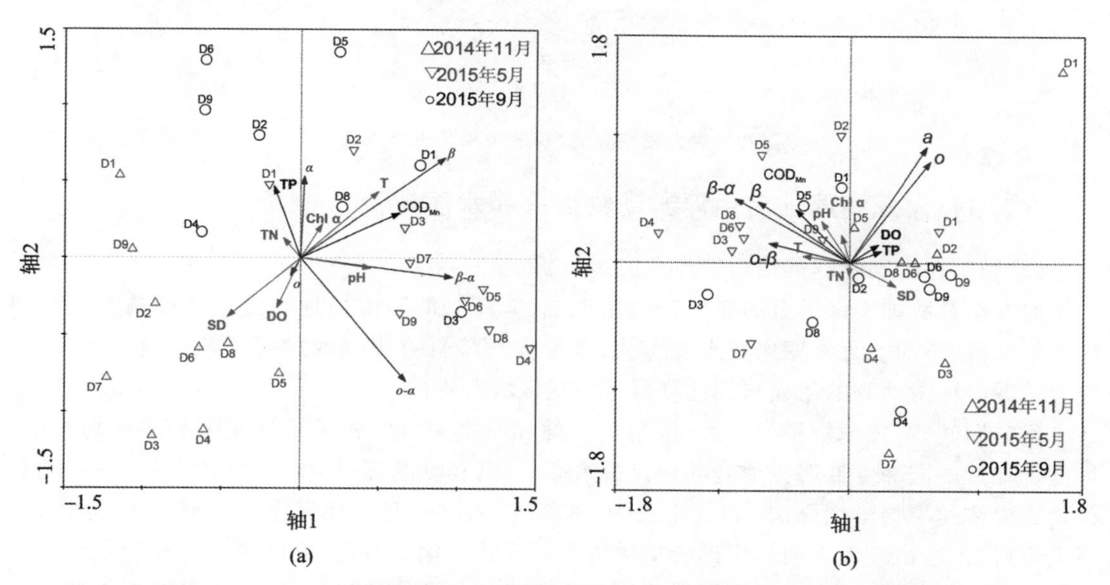

图 7-8 大九湖后生浮游动物、环境变量和采样点的冗余分析(RDA)三元图

D1~D9 分别代表大九湖 9 个子湖。黑线为显著性环境变量,灰线为非显著性环境变量。

大九湖浮游动物比例分析结果表明(图 7-9),2014 年 11 月 D1 子湖丰度以桡足类为主,D2、D3、D4、D5 和 D7 以轮虫为主,D6、D8 和 D9 以轮虫和桡足类为主;D4、D5 和 D7 生物量以轮虫为主,其他子湖以桡足类为主。2015 年 5 月各子湖丰度均以轮虫为主,而生物量除 D2 外也均以轮虫为主。2015 年 9 月各子湖丰度均以轮虫为主,而生物量除 D2 和 D5 外,其他子湖均以桡足类为主。

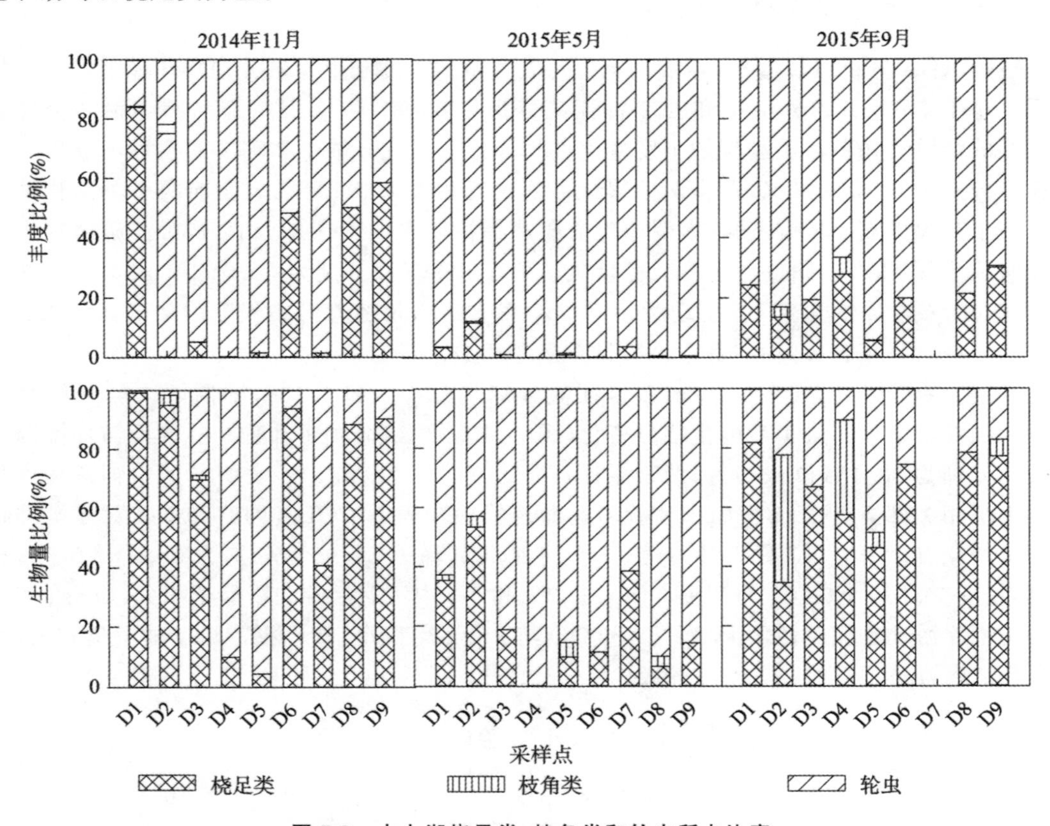

图 7-9 大九湖桡足类、枝角类和轮虫所占比率

7.3.3 大九湖湿地后生浮游动物群落和水质评价

(1)后生浮游动物群落结构特点及成因分析

大九湖是我国中部稀有的亚热带高山湖泊,其所处的高海拔地理位置使得其气候较同纬度气温低,再加上大九湖地处水源源头,其生态环境具有很强的封闭性和原始性,这可能决定了湖内浮游动物的组成与同纬度低海拔地区有所不同。

研究期间,共发现桡足类 2 种、枝角类 5 种和轮虫 29 种,各子湖种类数和丰度均较少,远低于临近的同纬度低海拔地区的丹江口水库、长湖和洪湖等。大九湖 3 次采样,桡足类和枝角类成体的平均丰度分别为 1.3 ind./L 和 0.4 ind./L,且主要以小型种类为主。由于无历史资料,无法比较大九湖后生浮游动物历史和现状变化。但是,检出的浮游动物主要是个体小的轮虫和幼体,结合同期调查的其他环境因子如鱼类等,暗示浮游动物可能面临较大的捕食压力。在自然环境中,不同水环境中的浮游动物群落种类组成及动态均有差异,普遍认为水质营养状况、光照、温度、pH、浮游植物、水生植物和捕食等是影响浮游动物群落结构的主要因素,但大多数湖泊关键的影响因素还是取决于捕食者强度。

大量研究表明,当食浮游动物的鱼类密度较高时,浮游动物群落主要是以体型较小的个体为主,其原因是鱼类在摄食时往往优先选择体型较大的个体。大九湖鱼类主要是实施生态修复工程时,引种放养的鲤科鱼类,包括鲢(2.1%)和鲫(55.9%)等,以及土著种棒花鱼

(17.9%)。在温带和热带地区，当鲫鱼大量存在时，枝角类和桡足类平均生物量均较低，在低龄鲫鱼中，枝角类和桡足类在其食性中的比例超过50%，而在个体更大的鲫鱼中其比例在15%～20%。马晓利等通过镜检棒花鱼肠道内含物发现，枝角类和桡足类也是其食物之一。而鲢尽管主要以浮游植物为食，但也能摄食浮游动物，其大量存在时能够显著降低枝角类和桡足类的丰度。

目前，大九湖鲫鱼幼鱼、棒花鱼丰度较高，鲢生物量较大，浮游动物又缺乏可以躲避捕食的沉水植物生境，这些因素可能是导致枝角类和桡足类丰度较低的主要原因。此外，大九湖位于海拔1 700 m以上的高山上，已有研究表明，海拔升高伴随的温度降低和紫外线辐射升高会降低湖泊的浮游动物数量和影响其组成，因此相较于平原湖泊其丰度和种类数可能也会偏低。

(2)后生浮游动物污染类型对大九湖水体污染状态的指示

用生物学方法评价水环境质量相对于水质指标的评价方法更能反映水污染对水生态系统的影响，然而不同的生物学评价方法结论是否一致以及如何筛选指标一直存在疑问。浮游动物群落结构易受到水环境变化的影响，其种类组成、丰度变化和多样性的变化与水污染程度有密切的关系，但单一的浮游动物评价方法往往也不够全面。

本研究中，大九湖后生浮游动物主要是轮虫。轮虫等小型后生浮游动物往往是富营养化水体的优势种。研究者认为轮虫占优势与水体营养状态的升高有关，轮虫的食性具有较强的可塑性，能以小的颗粒物如细菌和有机碎屑等为食，而这些物质在富营养水体中往往很丰富。

尽管大九湖地理位置相对封闭，但大九湖是神农架重要的旅游景点，研究期间，大九湖周边的土地已经退耕还林还草，农业面源污染很少，其人为干扰因素主要是大九湖镇的居民和游客带来的生活废水。旅游主要从5月开始，7—10月是旅游旺季，10月黄金周后游客变少，11月游客更稀少。大九湖从11月至第二年9月，轮虫优势种由螺形龟甲轮虫变为被认为是水体富营养化的标志的臂尾轮虫，反映了大九湖水体富营养化程度从枯水期到丰水期逐渐加重，这与游客到访规律较一致。由图7-8可以看出，三个时期采样样方较清晰地分布在不同的象限，表明枯水期、平水期和丰水期浮游动物污染类型存在差异。

RDA分析结果进一步表明COD_{Mn}和TP是影响大九湖浮游动物各污染类型丰度和生物量产生变化的最重要环境因子。COD_{Mn}常被作为地表水体受有机污染和还原性无机物质污染程度的综合指标。水体COD_{Mn}值越高表明该水体受污染程度越高，其值越低表明该水体受污染程度越低。RDA分析结果显示COD_{Mn}的箭头与不同浮游动物污染类型箭头的夹角随着污染程度的降低而增大，表明浮游动物污染类型分布很好的代表了水体污染程度。

由于各个子湖每次采样均只设置了1个采样点，各个子湖之间浮游动物的差异无法直接做差异性分析，而RDA图中也未能获得大九湖浮游动物空间的变化规律。此外，本次调查在周年内只根据水情变化进行了三次调查，采样频率偏低，可能会影响浮游动物总种类数和不同水情期之间的差异分析。

然而，通过综合浮游动物污染指示类型、营养状态指数评价和RDA分析结果，以及参考浮游植物指标评价结果，可清晰表明大九湖水体受到中等程度污染。浮游动物污染类型指示法并结合对应的理化指标能够从整体上反映大九湖水质的真实状况。

研究结论表明：大九湖后生浮游动物种类数少，以个体小的轮虫和幼体为主，暗示被捕食压力较大。综合分析大九湖同期开展的相关研究结果，实施鱼类种类和数量调控可能有益于牧食浮游植物的较大个体的浮游动物种群的扩增，从而降低浮游植物丰度。浮游动物污染类型指示法、理化指标和营养状态指数等多种方法分析结果表明采样期间大九湖水体受到中等程度污染。浮游动物污染类型很好地指示了大九湖水质污染状态。

第八章

神农架大九湖湿地土地利用变化

神农架大九湖湿地是我国华中地区唯一的亚热带亚高山泥炭藓湿地，主要的湿地生态系统包括高山草甸、泥炭藓沼泽等，具有独特性和稀有性以及极高的科研价值，加之大九湖地处堵河上游，为其重要的水源涵养地，大九湖湿地的生态环境质量对堵河的水质具有直接或间接影响，有特殊的保护价值。

1950年以来，大九湖湿地先后经历了大规模的森林砍伐、开挖沟渠、开垦人工草场、天然河道裁弯取直、围湖造田等土地开发活动，湿地生态环境遭到重创，湿地水面消失殆尽，各类珍稀动植物生存环境遭到严重破坏，多类型沼泽湿地分布急剧萎缩，湿地功能退化的趋势加剧，生物多样性锐减。进入21世纪后，随着人们生态保护意识的提高，神农架林区政府开始把大九湖湿地的保护和恢复提上工作日程，从建立湿地保护小区、成立国家湿地公园到列入《国际重要湿地名录》，大九湖湿地保护等级逐级提高，保护力度不断加大。

大九湖湿地保护与恢复工程实施以来，许多学者对当地湿地环境恢复情况进行了研究分析。2012年，罗涛等对大九湖湿地植物群落进行了调查，认为研究区的生态破坏行为在退耕还草、还泽政策影响下基本得到控制，并提出将以蓄水湖泊为主的湿地恢复逐渐向恢复沼泽方向发展的建议。2014年，李俊等在大九湖湿地展开了鱼类种类特征的野外调查，得出实施湿地恢复工程后当地水质有所改善的结论；余明勇等分析了大九湖保护涉水工程的生态影响，得出该工程有利于研究区湿地环境的保护与修复的结论，并认为土地利用方式对大九湖生态环境具有显著影响。土地利用变化是一个复杂的过程，在空间变化上表现为不同土地类型间的相互转化，在时间变化上与人类改变土地利用方式的速度紧密相关，两者都可以用变化内容和变化幅度来进行呈现及衡量。

这里我们从土地利用的数量变化、类型转换角度，分2005—2010年和2010—2016年两个时段，对大九湖湿地近十年来的土地利用变化特征、幅度及空间分布进行分析，并简要分析变化的驱动力，以期为评价大九湖湿地生态恢复结果、制定未来环境保护措施提供决策支持与科学依据。

8.1 大九湖土地利用历史与保护现状

随着国家经济和粗放式农业经济的发展，大九湖湿地经历了3个较为强烈的土地利用和开发活动阶段：①1985年开拓农田、建立牧场，1986年疏通落水孔，扩大盆地排水能力和耕地面积；②1986—2001年，对大九湖盆地天然河道进行裁弯取直，开通南北向主干渠，对泥炭沼泽进行大规模的挖沟排水并大量开垦人工草场；③2001—2003年，九湖乡政府积极探索开发反季节蔬菜种植并实施围湖造田，兴建万亩高山蔬菜基地。因此，在实施湿地保护与恢复工程前，大九湖地区存在大片的农田及多处排水沟（图 8-1）。

图 8-1　大九湖地区的农田和排水沟（2003 年）

2003 年后开始进行大九湖湿地的保护和生态恢复工作，具体措施为：

1）2003 年，神农架林区人民政府批准建立大九湖湿地保护小区。

2）2005 年，湖北省林业局派员到神农架大九湖，对社会反映的湿地自然资源和生态环境遭到破坏的问题进行调研与督查。同年，湖北省委省政府制定了“生态优先、科学修复、适度开发、合理利用”的大九湖湿地保护方针。

3）2006 年，国家林业局批准成立大九湖国家湿地公园。

4）2008 年，正式启动“大九湖湿地保护与恢复及公园建设工程”，进行大九湖湿地保护与恢复、基础设施建设等工作。

5）2010 年，大九湖湿地晋升为省级自然保护区，划定了核心区、缓冲区和实验区，湿地生态环境得到强有力的监管和保障。

6）2011 年，大九湖湿地实施退耕还湿和核心区移民工程。

7）2013 年，大九湖湿地被湿地公约秘书处列入《国际重要湿地名录》。

8）2016 年，大九湖国家湿地公园实施封闭管理，景区内停止一切住宿、餐饮等经营服务，游客统一乘坐换乘车进入景区，有助于减轻环境污染、保护湿地生态环境。

8.2 土地利用数据源与研究方法

8.2.1 数据来源与处理

本研究利用 2005 年 6 月 14 日 Quickbird 数据、2010 年 9 月 10 日 SPOT5 数据、2016 年 5 月 2 日 Landsat8-OLI 数据、Google Earth 高分辨率影像、大九湖湿地分布图、大九湖历史土地利用图等多种数据源，在 ENVI5.3 软件中对遥感影像进行图像裁剪、大气校正、几何校正、图像融合等处理，参考实地资料，在 ArcGIS10.2 软件中进行人工目视解译，制作 2005 年、2010 年、2016 年 3 期大九湖湿地土地利用图，并对各土地类型进行面积统计，在 Excel 里进行土地利用类型分布及其变化的计算分析。根据研究区土地利用状况及本研究需求，将大九湖湿地的土地利用类型分为八类，分别是：湖泊、沼泽、草甸、林地、菜地、旱地、居民地和道路。

8.2.2 土地利用变化研究方法

土地利用变化是自然和人为因素共同作用的结果，其类型变化在不同的时间段内具有不同的幅度和速度。土地利用动态度可用来描述某种土地类型在一定时间范围内的变化情况，它包括单一土地利用类型动态度和综合土地类型动态度，前者可以表征某单一土地利用类型在特定时间段内的变化情况，后者可用以分析研究时段内所有土地利用类型的综合变化情况。其表达式分别为

$$K = \frac{U_a - U_b}{U_a} \times \frac{1}{T} \times 100\%$$

式中，K 为研究时段内某种土地利用类型动态度；U_a、U_b 分别为研究开始时和研究结束时某种土地利用类型的数量；T 为研究时长；当 T 的时段设定为年时，则 K 表示该研究区某种土地利用类型的年变化率。

$$\mathrm{LC} = \sum_{i=1}^{n} \Delta \mathrm{LU}_{i-j} / \sum_{i=1}^{n} \mathrm{LU}_i / 2 / T \times 100\%$$

式中，LC 为研究时段内的综合土地利用类型的动态度；LU_i 为研究开始时第 i 类土地利用类型的面积；$\Delta \mathrm{LU}_{i-j}$ 是研究时段内第 i 类土地利用类型转为非 i 类土地利用类型面积的绝对值；T 为研究时长。

8.3 大九湖土地利用变化

8.3.1 土地利用变化数量分析

根据大九湖湿地 2005 年、2010 年和 2016 年 3 期土地利用图（图 8-2）以及大九湖湿地土

地利用类型变化统计表(表 8-1、表 8-2),可以看出,从 2005 年到 2016 年,研究区的土地利用情况发生了较大变化,其中,因大九湖于 2006 年成立国家湿地公园,加之 2008 年湿地保护与恢复工程的实施,2005—2010 年的土地利用类型变化更为显著,处于转变期。与 2005 年相比,2010 年大九湖土地利用结构的最明显变化是增加了湖泊这一新的土地利用类型,呈串珠状分布于主干渠周围地势低洼区域;在原有土地类型中,呈现出增加趋势的有草甸、居民地和道路,呈下降趋势的有沼泽、林地、菜地和旱地。

从面积变化来看,2005—2010 年草甸的面积增量最大,为 144.24 hm^2,草甸面积占比从 2005 年的 10.84%上升到 24.21%,总面积达到 261.29 hm^2;新增湖泊面积为 61.66 hm^2,占区域总面积的 5.71%;居民地和道路的面积略有增加,增量分别为 3.68 hm^2、0.60 hm^2。面积减少量最大的土地利用类型为菜地,减少量为 117.32 hm^2,与 2005 年相比,减少了近 2/3,空间位置主要位于环山公路以内的沼泽地边缘;其次是旱地,减少了 41.40 hm^2;沼泽和林地面积分别减少了 24.57 hm^2 和 26.89 hm^2。从变化幅度来看,大九湖湿地的综合土地利用动态度为 3.89%,除新增的湖泊地类外,草甸和菜地的变化幅度最大,动态度分别为 24.65%和－13.22%;其次是居民地,动态度为 5.26%;林地、沼泽和旱地的动态度较小,分别为－3.11%、－2.75%和－2.04%;道路的动态度最小,仅为 0.85%。

比较 2010 年和 2016 年大九湖土地利用情况,发现,在划分的八种土地利用类型中,呈现出增长趋势的有湖泊、沼泽、草甸、林地和道路,呈现下降趋势的有菜地、旱地、居民地。从面积变化来看,草甸的面积增量最大,为 44.47 hm^2,观察两期土地利用图可发现环山公路内部的草甸已趋于稳定,新增的部分主要位于原先的旱地区域;旱地的面积减少量最大,为 55.76 hm^2,由于草甸和旱地初始面积均较大,因此动态度仅为 2.84%和－2.55%;沼泽、林地、道路面积有小幅度的增加,增量分别为 6.27 hm^2、2.61 hm^2 和 2.13 hm^2;居民地面积减少了 0.34 hm^2。

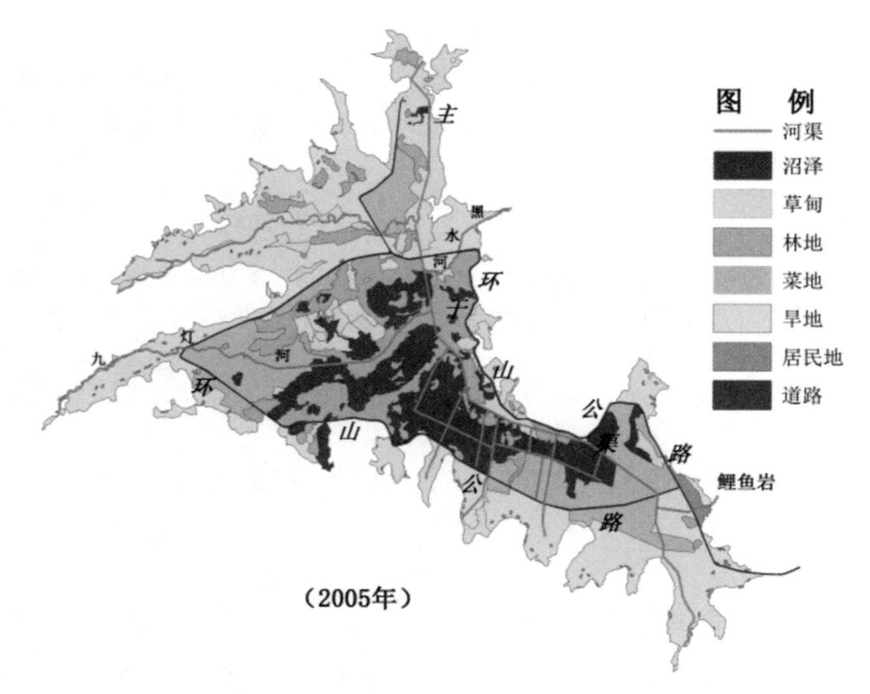

(2005年)

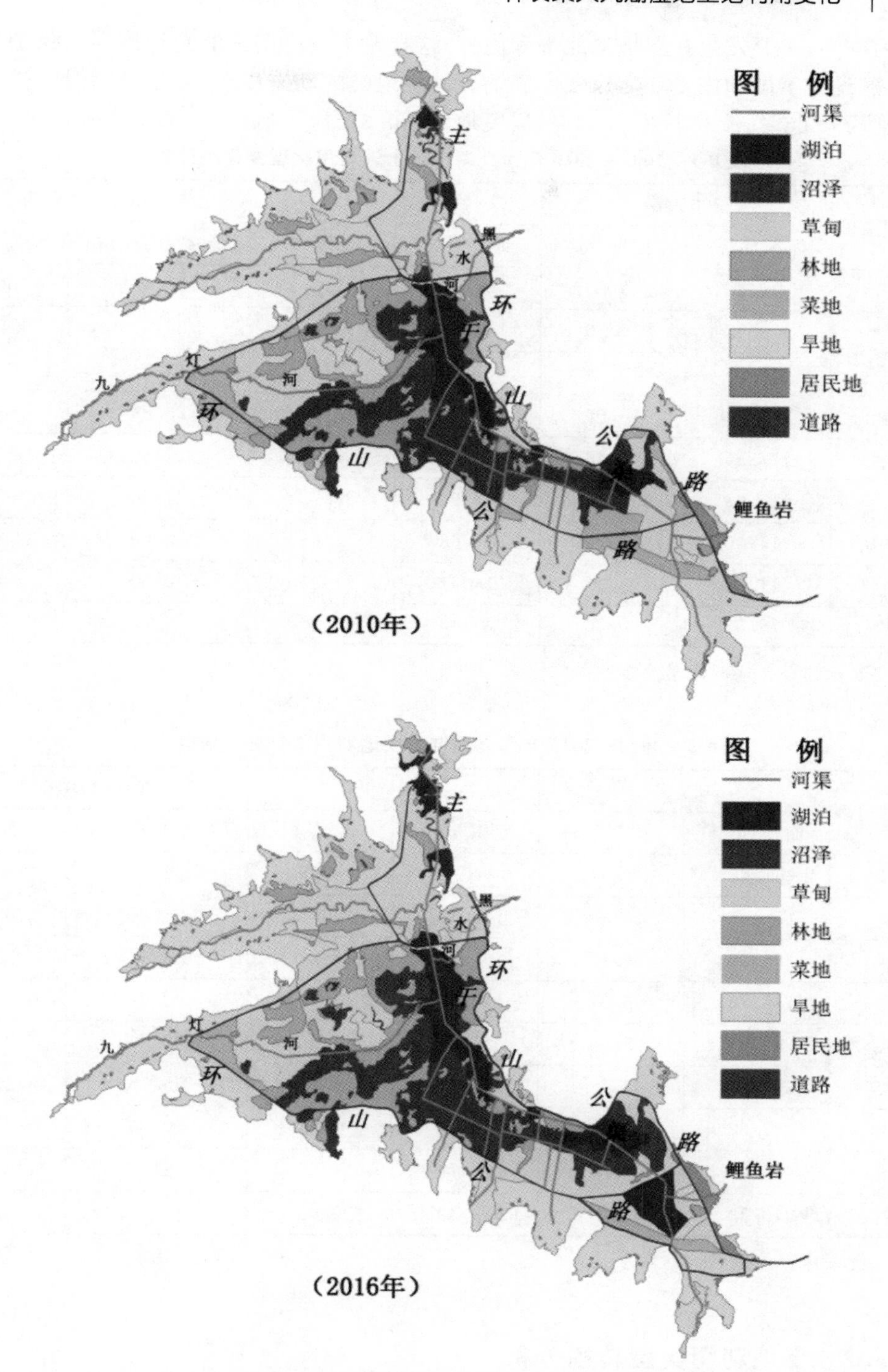

图 8-2　2005 年、2010 年和 2016 年的大九湖土地利用图

从变化幅度来看，2010—2016 年大九湖湿地的综合土地利用动态度为 1.37%，变化幅度最大的土地利用类型为菜地和湖泊，前者面积减少了 32.64 hm^2，动态度为−9.03%，变化集中发生于环山公路周围；后者动态度为 8.99%，面积增量达 33.26 hm^2，超过 2010 年湖泊

总面积的一半，主要发生在湿地的北部和南部，这得益于政府实施的湿地恢复与保护涉水工程，包括建设人工湖和恢复亚高山浅水湖泊。其余地类的动态度较小，沼泽、林地、道路的动态度分别为0.68%、0.30%和2.43%，居民地为－0.32%。

表 8-1 2005—2010 年大九湖湿地土地利用类型变化统计表

土地利用类型	2005 年		2010 年		2005—2010 年	
	面积/hm²	比例/%	面积/hm²	比例/%	面积变化量/hm²	动态度/%
湖泊			61.66	5.71	61.66	100.00
沼泽	178.72	16.56	154.15	14.28	－24.57	－2.75
草甸	117.05	10.84	261.29	24.21	144.24	24.65
林地	172.67	16.00	145.78	13.51	－26.89	－3.11
菜地	177.55	16.45	60.23	5.58	－117.32	－13.22
旱地	405.33	37.55	363.93	33.72	－41.40	－2.04
居民地	14.00	1.30	17.68	1.64	3.68	5.26
道路	14.01	1.30	14.61	1.35	0.60	0.85
总计	1 079.33	100.00	1 079.33	100.00		3.89*

注：* 表示综合土地利用动态度。

表 8-2 2010—2016 年大九湖湿地土地利用类型变化统计表

土地利用类型	2010 年		2016 年		2010—2016 年	
	面积/hm²	比例/%	面积/hm²	比例/%	面积变化量/hm²	动态度/%
湖泊	61.66	5.71	94.92	8.79	33.26	8.99
沼泽	154.15	14.28	160.42	14.86	6.27	0.68
草甸	261.29	24.21	305.76	28.33	44.47	2.84
林地	145.78	13.51	148.39	13.75	2.61	0.30
菜地	60.23	5.58	27.59	2.56	－32.64	－9.03
旱地	363.93	33.72	308.17	28.55	－55.76	－2.55
居民地	17.68	1.64	17.34	1.61	－0.34	－0.32
道路	14.61	1.35	16.74	1.55	2.13	2.43
总计	1 079.33	100.00	1 079.33	100.00		1.37*

注：* 表示综合土地利用动态度。

8.3.2 土地利用类型转换分析

利用土地动态度可以得知研究区各土地类型及总体的土地变化情况，而通过转移矩阵则可以揭示不同土地利用类型间的转换关系，反映研究区土地变化的结构特征和时空演变的总体趋势。

这里利用 ArcGIS 中的叠加分析模块对 2005 年、2010 年、2016 年 3 期土地利用矢量图进行相交运算，整理得到2005—2010年、2010—2016年大九湖土地利用转移矩阵（表8-3、表8-4），用以分析其土地利用变化过程。

表8-3 2005—2010年大九湖湿地土地利用转移矩阵 （单位：hm^2）

2005年＼2010年	湖泊	沼泽	草甸	林地	菜地	旱地	居民地	道路	转出合计
沼泽	20.74	149.16	0.50	0.36	0.00	7.95	0.00	0.00	29.55
草甸	10.02	3.68	101.99	0.11	0.00	1.26	0.00	0.00	15.07
林地	24.60	1.31	1.44	144.90	0.00	0.40	0.00	0.00	27.75
菜地	5.06	0.00	111.60	0.00	60.23	0.00	0.65	0.00	117.31
旱地	1.24	0.00	45.75	0.41	0.00	354.31	3.03	0.60	51.02
居民地	0.00	0.00	0.00	0.00	0.00	0.00	14.00	0.00	0.00
道路	0.00	0.00	0.00	0.00	0.00	0.00	0.00	14.01	0.00
转入合计	61.66	4.99	159.29	0.88	0.00	9.61	3.68	0.60	240.71

表8-4 2010—2016年大九湖湿地土地利用转移矩阵 （单位：hm^2）

2010年＼2016年	湖泊	沼泽	草甸	林地	菜地	旱地	居民地	道路	转出合计
湖泊	61.66	0.00	0.00	0.00	0.00	0.00	0.00	0.00	0.00
沼泽	7.43	145.95	0.41	0.28	0.00	0.00	0.00	0.08	8.20
草甸	16.11	11.86	231.03	1.87	0.00	0.06	0.00	0.35	30.25
林地	0.17	0.00	0.38	145.13	0.00	0.00	0.00	0.00	0.55
菜地	5.02	0.24	27.28	0.00	15.98	10.86	0.00	0.69	44.09
旱地	4.18	2.24	45.79	0.94	11.61	297.24	0.33	1.72	66.81
居民地	0.00	0.14	0.47	0.00	0.00	0.00	17.01	0.06	0.67
道路	0.35	0.00	0.42	0.00	0.00	0.00	0.00	13.84	0.77
转入合计	33.26	14.48	74.75	3.09	11.61	10.92	0.33	2.90	151.34

由表8-3、表8-4可知，2005—2010年5年间，研究区内共有240.71 hm^2 的土地发生利用类型的转变（不计各类型内部的自我流转），最主要的类型转换表现为沼泽、草甸、林地向湖泊转化和菜地、旱地向草甸转化；同时沼泽、草甸、林地之间也存在一定面积的相互转化，且有少部分旱地转化为居民地和道路。2010—2016年6年间，研究区共有151.34 hm^2 的土地发生利用类型的转变（不包括各类型内部的自我流转），最主要的类型转换表现为菜地和旱地向草甸转化和草甸向湖泊、沼泽转化，同时也有部分沼泽、菜地、旱地转换为湖泊，旱地、菜地之间存在一定的转换关系且均有少部分转换为道路，林地、居民地转入和转出面积均较小。

(1)湖泊的变化

水体是湿地生态结构中最为重要的一个部分，水文调节功能是湿地的基础功能之一，有助于维持湿地系统的结构性、完整性和自然性,也是湿地具有其他生态服务功能的前提条件。大九湖湿地内有黑水河、九灯河等多条河流,因一条小溪串着九个湖泊而得名。在20世纪80年代至2006年间,因当地居民进行高山反季节蔬菜种植、种草养畜、围湖造田经历了数次大的开发,湖泊水面基本消失,沼泽遭到破坏,湿地的生态服务功能急剧退化。为了尽快解决大九湖湿地生态系统受损和湿地退化等问题,抢救性地保护和恢复大九湖湿地,湖北省有关部门重点规划并建设了湿地恢复与保护涉水工程,具体措施为:修建11处暗坝,以控制水流方向并抬升地下水位;在水系上游新建6个人工调蓄湖,提升大九湖的抗旱防洪缓冲能力;对退化的湿地区域进行水系改造,包括回填原有部分人工沟渠,疏浚天然河道和新接连通渠道。

自2008年湿地恢复与保护涉水工程实施以来,大九湖地区湖泊面积持续增加,被破坏的湿地环境正在逐渐恢复。从表8-3可以看出,2005—2010年5年间,湖泊面积的增加主要来自林地、沼泽和草甸,三者转入面积的总和占湖泊面积增加来源的89.78%,转入量分别为24.60 hm^2、20.74 hm^2 和10.02 hm^2。菜地和旱地也有小部分转化为湖泊,转入面积分别为5.06 hm^2、1.24 hm^2。随着湖泊水面的不断形成与扩大,地势低洼处的部分沼泽、草甸、林地被水体淹没,在土地利用方式上转化为湖泊,其中,沼泽和林地转化为湖泊的面积分别占其自身面积减少量的88.6%和70.2%。从表8-4可以看出,2010—2016年6年间,对湖泊面积增加贡献最大的土地利用类型是草甸,转出面积为16.11 hm^2,占湖泊总转入面积的48.44%,其次为沼泽、菜地、旱地,转出面积分别为7.43 hm^2,5.02 hm^2,4.18 hm^2,道路和林地也有少部分转变为湖泊。

(2)草甸的变化

草甸主要位于林地和沼泽地的外围并与湖泊交界,具有保持水土和过滤地表水的作用。为保证湿地的有效恢复和水质不受污染,当地政府及时制止了湿地范围内的高山反季节蔬菜种植,并根据地势和水文条件对部分已开垦利用的农用地实施退耕还湿、退耕还草、退牧还草等工程,使得环山公路以内大面积的蔬菜地和部分旱地恢复为草甸景观。

2005—2010年,由其他地类向草甸转化的面积高达159.29 hm^2,占2010年草甸总面积的60.96%,是转移矩阵中转入面积最大的一类土地利用类型。其中,有111.60 hm^2 的菜地转化为草甸,占草甸总转入面积的70.06%,是贡献量最大的土地类型。其次是旱地,共有45.75 hm^2 转化为草甸,占总草甸转入面积的28.72%。除此之外,林地、沼泽也有极小部分转化为草甸,转入面积分别为1.44 hm^2 和0.50 hm^2。同期,草甸的转出面积仅为15.06 hm^2,66.5%转化为湖泊,其余转化为沼泽、林地和旱地。2010—2016年,大九湖草甸面积转入面积为74.75 hm^2,主要来自旱地和菜地的转化,分别为45.79 hm^2,27.28 hm^2,两者之和占草甸转入面积的97.75%。草甸转出面积为30.35 hm^2,主要转换为湖泊16.11 hm^2 和沼泽11.86 hm^2,少量转化为林地、旱地和道路。草甸的转出主要是由于湖泊水位升高和面积扩大,淹没原有湖泊边缘的草甸植被,使其转化为湖泊或沼泽。

(3)沼泽和林地的变化

沼泽和林地是大九湖湿地较为稳定的两种土地利用类型,面积变化不大。2005—2010年5年间,两者以转化成湖泊为主,分别占各自转出面积的70.19%和88.65%。转入面积均较小,沼泽转入面积4.99 hm^2,林地转入面积0.88 hm^2,除沼泽、林地内部之间的相互转换之外,还来自草甸、旱地的转化,这得益于退耕还林、退耕还泽工程的实施。

2010—2016 年 6 年间，沼泽和林地的面积有小幅度的增加。沼泽的转入面积为 14.48 hm^2，其中草甸贡献最大，为 11.86 hm^2，转出面积为 8.20 hm^2，除少部分退化为草甸外，绝大部分转换为湖泊，转出面积为 7.43 hm^2，极少部分转换为林地和道路。沼泽的变化主要源于湿地恢复保护涉水工程的实施，工程实施早期，周围的沼泽向湖泊转化，表现出一定幅度的减少，但随着时间的增加，暗坝形成的湖泊内原有的草甸和耕地逐渐演替成水生植被，而在水位变幅区和土壤潜育区逐步形成藓类沼泽、草本沼泽、灌丛沼泽及沼泽化草甸所必需的最基本的湿地基底、湿地土壤，因此沼泽植被得到发育，总面积有所增加。林地的转入面积为 3.09 hm^2，来自沼泽、草甸和旱地，转出面积为 0.55 hm^2，转换为湖泊和草甸。

(4)旱地和菜地的变化

从转移矩阵(表 8-3、表 8-4)中可以看出，旱地和菜地在与其他土地类型的转换中均以转出为主，且主要转化为草甸。2005—2010 年，两者转出面积分别为 117.31 hm^2 和 51.02 hm^2，其中有 95.13%和 89.67%转化为草甸，其余转化为湖泊、林地、居民地和道路。菜地转入面积为 0，表明未出现新增菜地地块，旱地转入面积为 9.62 hm^2，分别来自沼泽 7.95 hm^2、草甸 1.26 hm^2、林地 0.40 hm^2。

2010—2016 年 6 年间，旱地和菜地的转出面积分别为 66.81 hm^2 和 44.09 hm^2。菜地的面积比重从 5.58%下降到 2.56%，共有 27.28 hm^2 的菜地转换为草甸，约占 2010 年菜地总面积的 45.29%，说明退耕还草工程收到了较好的效果。同时，表 8-4 也显示新增的菜地地块均来自旱地的转化，表明在相关政策的影响下，当地居民不再重新占用对湿地环境具有重要意义的沼泽、草甸和林地来进行农业生产，这对研究区的湿地生态恢复具有积极作用。

(5)居民地和道路的变化

随着退耕还泽还草工作的开展，大九湖的产业格局也发生了相应变化，原来的蔬菜种植农业调整为替代产业，开始发展第三产业和生态旅游业。同时合理规划居民地布局，使农村居民地适当集中，在乡政府所在地鲤鱼岩集中移民建镇，改善居民生活条件的同时，可以减轻人类活动对湿地生态系统的干扰。由表 8-3 可知，2005—2010 年居民地和道路面积的增加主要来自旱地和菜地，其中，居民地来自旱地和菜地的转化面积分别为 3.03 hm^2 和 0.65 hm^2，道路来自旱地的转化面积为 0.60 hm^2。

2010 年，大九湖湿地晋升为省级自然保护区，实施湿地公园基础设施建设，完成了环湖公路的改扩建及路面硬化工程。2011 年开始实施生态核心区移民搬迁工程，2015 年当地居民和办公场所迁至坪阡古镇办公，但该湿地区域仍居住着大量居民，高强度的放牧行为给湿地恢复工作带来了一定的压力。从表 8-4 可以看出，2010—2016 年，居民地的转出面积为 0.67 hm^2，主要转换为沼泽、草甸和道路，转入面积为 0.33 hm^2，均来自旱地，居民地总面积有小幅度的减少。道路的转出面积为 0.77 hm^2，均转换为湖泊和草甸，转入面积为 2.90 hm^2，主要来自旱地和菜地，道路总面积有小幅度的增加。

8.3.3 土地利用类型转换分析

1)2005—2010 年，大九湖湿地的土地利用结构发生了显著变化，主要表现在：湖泊和草甸面积大幅增加，菜地和旱地面积大幅减少，道路、居民地有所增加，林地、沼泽小幅度减少；主导的土地利用类型转化是沼泽、草甸、林地向湖泊转化，菜地、旱地向草甸转化，增加的道路和居民地均来自菜地和旱地的转化。研究结果表明，生态恢复工程实施之后，大九湖湿地类型和面积均有所增加，湿地景观得到一定程度的恢复，重现了湖泊、沼泽、草甸、森林等多种景观共存的大九湖自然风光。

2)2010—2016 年，大九湖湿地生态状况得到持续改善，湖泊面积增加了 33.26 hm^2，增量超过 2010 年研究区湖泊总面积的一半。除湖泊外，草甸、林地、沼泽面积也有一定幅度的增加，菜地、旱地、居民地面积有所减少。6 年间，大九湖湿地土地利用类型的转换主要表现为菜地和旱地向草甸转化和草甸向湖泊转换。此外，草甸、沼泽、湖泊间也存在一定数量的类型转换，主要原因为部分区域湖泊面积扩大淹没草甸及沼泽，而水位变幅区和土壤潜育区又逐渐发育出适合沼泽植物生长的土壤，使沼泽面积得以扩大。菜地和旱地之间也存在一定数量的转换，且新转入的菜地地块均来自旱地，表明在相关政策的影响下居民不再改造湿地用以农业生产，为湿地恢复工作提供了良好的环境。研究结果表明，生态恢复工程实施后，随着核心区移民工程、公园封闭式管理措施的相继实施，大九湖湿地的生态环境正在逐步改善，湖泊、草甸面积的持续增加不仅为大九湖湿地生态恢复提供了优良的环境，也有助于当地旅游业的发展。

3)有研究表明，虽然近年来大九湖湿地的生态破坏行为得到控制、环境有所恢复，但人工湖和中生-旱生草甸面积具有增加趋势，泥炭湿地也有向沼泽湿地演替的趋势。大九湖湿地作为典型的亚高山泥炭藓沼泽湿地，在营养物质循环、制氧固碳、涵养水源、净化水质等方面具有极其重要的意义，应当加强对泥炭藓沼泽的保护与恢复工作，实现科学管理、适度利用、合理开发，维持大九湖湿地景观和生态的独特性，恢复其结构和功能。同时，虽然生态移民工程有所成效，但湿地区域仍居住着大量居民，并存在较高强度的放牧行为，给湿地恢复工作带来了一定的压力，因此，今后应继续推进生态移民和居民安置工作，并加强对放牧行为的监管。

4)大九湖国家湿地公园建立后，2016 年 11 月，神农架进入国家公园体制试点实施阶段。神农架大九湖旅游人数持续增加，2008 年仅接待游客 3 622 人次，至 2014 年便突破了 20 万人次，在促进当地经济发展的同时也给环境保护带来了压力，旅游设施的不合理建设、游客剧增带来的污染均会对大九湖的湿地环境造成破坏，因此公园管理局应充分考虑游客承载量并规范湿地旅游路线，协调好旅游业发展和环境保护的关系，在保护湿地水体资源、动植物资源、景观资源的前提下合理开发旅游资源，实现自然、经济、社会的和谐可持续发展。

第九章

神农架大九湖湿地生态系统服务价值评价

湿地地处水域和陆地的过渡地带，能产生许多对人类有重要作用的特殊功能，如生态功能、资源功能和服务功能(庄大昌，2004)。生态系统服务功能是自然生态系统及其物种所提供的能够满足和维持人类生活需要的条件和过程(Daily，1997；吴玲玲 等，2003)。正确认识生态系统服务功能价值有利于增强人们的生态意识，合理地制定区域开发政策，实现区域的可持续发展(辛琨 等，2002)。因此，目前国内外已针对湿地生态系统服务功能价值的评估开展大量的研究工作，并且期待能够为国家湿地管理决策提供参考借鉴。要了解湿地生态系统服务功能价值，首先得认识或了解什么是生态系统服务功能，生态系统服务功能又包含哪些内容，从而开展哪些生态要素监测或者获取哪些生态要素，以获得这些服务功能评估参数，进而正确认识生态系统服务功能价值。

9.1 生态系统服务功能生态含义

20 世纪末，Daily(1997)将生态系统服务功能定义为，自然生态系统及其组成物种所提供的能够满足和维持人类生活需要的条件和过程；美国生态学家 Costanza 等(1997)13 位研究者定义为，来自生态系统功能提供给人类直接(如食物)或间接(如废弃物降解)的效益，从而将生态系统服务价值评估推向了高潮，并将生态系统服务划分为 17 项，包含气体调节、气候调节、干扰调节、水分调节、淡水供应、侵蚀控制和沉积物保护、土壤形成、养分循环、废物处理、生物控制、昆虫授粉、避难所、食物产品、原材料、基因资源、休闲娱乐和文化(表 9-1)。吴玲玲等(2003)根据 Costanza 等(1997)分类的生态系统服务功能，将长江口湿地生态系统所提供的生态系统服务功能划分为 3 类(8 个小类)：资源功能(成陆造地、物质生产)、环境功能(大气调节、蓄水、净化水体、提供栖息地)、人文功能(教育科研、旅游)。千年生态系统评估(Assessment，2005)将生态系统服务分为供给服务、调节服务、文化服务和支持服务 4 种类型(表 9-2)，为研究者们提供了一套生态系统服务功能价值评估标准。

表 9-1　生态系统服务功能

序号	生态系统服务	生态系统功能	成分举例
1	气体调节	大气化学成分调节	CO_2/O_2 平衡，臭氧保护大气辐射等
2	气候调节	全球温度、降水等气候过程的生物调节作用	温室气体调节，DMS 生成对云形成的影响
3	干扰调节	生态系统的弹性	飓风的保护、洪水的调控、干旱的恢复和其他栖息地方面对环境的响应主要受植被结构的控制

续表

序号	生态系统服务	生态系统功能	成分举例
4	淡水供应	储存和保存水资源	流域、水库和蓄水层的淡水供应
5	水分调节	水文波动的调控	农田用水的灌溉、工业过程或运输的水资源供给
6	侵蚀控制和沉积物保护	生态系统土壤的形成	防止风、径流或其他移动过程造成土壤的损失
7	土壤形成	土壤形成过程	岩石风化和有机质累积
8	养分循环	养分储存、内部循环过程和养分的获得	养分固定或养分循环
9	废物处理	养分流动恢复和去除或过剩养分、外来养分的分解与合成	废弃物处理、污染控制、解毒
10	生物控制	种群的营养动态过程	重点捕食者控制猎物种类，食草动物调控捕食者
11	昆虫授粉	花配子的运动	为植物繁殖提供传粉授粉的种群
12	避难所	定居者和迁徙者的栖息地	孕期的繁殖地，迁徙物种的栖息地，定居物种栖息地或越冬地
13	食物产品	部分初级生产力(食物)	通过捕猎、采集、自给农业或垂钓获得的鱼、野味、农作物、水果、坚果等产品
14	原材料	部分初级生产力(原材料)	木材、燃料和饲料产品
15	基因资源	独特生物的材料或产品资源	医药资源，材料科学产品，抵抗植物病原体和农作物害虫的基因，观赏物种(园艺物种)
16	休闲娱乐	提供康乐活动的机会	生态旅游，支持垂钓和其他户外娱乐活动
17	文化	提供非商业用途的机会	美学、艺术、教育、精神以及生态系统的科学价值

注：引自 Costanza 等，1997。

表 9-2 千年生态系统评估的生态系统服务体系

服务类型	服务			
供给服务	食物	纤维制品	遗传资源	生化产品、天然药物等
	观赏植物资源	淡水资源		
调节服务	空气质量调节	气候调节	水资源调节	侵蚀调节
	病害调控	害虫调控	昆虫授粉	
文化服务	文化多样性	精神及宗教信仰	休闲旅游	审美价值
	知识价值	教育价值		
支持服务	土壤形成	光合作用	生产力	营养循环
	水循环			

注：引自 Assessment，2005。

9.2 湿地生态系统服务功能内涵及评价方法

9.2.1 湿地生态系统服务功能内涵

(1)物质生产功能

湿地生态系统能够为人类提供大量的农产品(包含食物产品)、淡水资源和原材料，这里的农产品指大农业中的农产品，包含种植业、林业、牧业和渔业等方面(傅娇艳 等，2007)。因此，食物产品仅仅是湿地生态系统为人类提供的部分产品，野生水产品的淡水鱼类、虾类等淡水产品价值是人类获取蛋白质的重要营养来源。原材料价值通常包含芦苇、香蒲等植物原材料供给造纸厂造纸所用，为人类编织织物、衣服所用(崔丽娟，2002)。湿地生态系统储存的大量的淡水资源和流出的淡水为人类生产生活提供许多服务功能。同时，湖泊、库塘生产许多人类所需的蔬菜菱、莲藕等具有重要经济价值的食物产品，这方面的价值评估还较少。甚至湿地生态系统中大量开花的植物，因昆虫授粉后，为人类提供了大量的蜂蜜。

(2)防洪减灾功能

湿地是一个巨大的蓄水库，能够起到调蓄水量的作用，在洪水期，可储存过量的降水、减弱洪水对下游的危害；在干旱期，可以为生产生活提供水源补给(傅娇艳 等，2007；宋庆丰 等，2015)。例如，广州南沙地区的山塘湿地及潮间湿地蓄水达 11 亿 m^3(彭友贵，2004)。

(3)水质净化功能

湿地具有很强的净化功能，当工农业生产和人类其他活动等过程产生的农药、工业污染物、有毒物质进入湿地，湿地的生物和化学过程可使有毒物质降解和转化(曹新向 等，2005)。一些研究结果表明，湿地植物(芦苇、东方香蒲、水芹、睡菜等植物，能够平衡湿地水体中的 pH 值、化学需氧量、总氮、总磷，具有很强的净化效果(崔丽娟 等，2009)。当然，这主要是由于这些环境重金属和营养盐等污染物积累于湿地沉积物或水体中，或被湿地植物阻截、吸收和降解；同时，在水体中的鱼类和浮游动物也对植物、藻类和微生物进行了吸收、分解，降低水体中的有机污染物，提升湿地水质。目前，许多地方应用人工湿地治理河流、湖泊等水污染问题，并且取得了良好的效果，特别是在城市湿地生态系统中(曹新向 等，2005；曹牧 等，2016；Zhang 等，2017)。

(4)气候调节功能

湿地生态系统能够调节周围环境的小气候，主要是通过水的物理特性：热容量较大——升温和散热较慢，能够调节周围环境的温度；水分易蒸发——蒸发吸热，同样能够调节周围环境的温度(宋庆丰 等，2015)。

(5)固碳释氧功能

湿地生态系统对于大气环境有正面的影响，通常是固定大气中的二氧化碳(CO_2)；也有负面的影响，即释放甲烷(CH_4)等温室气体。另外，湿地植物通过固定大气中 CO_2 的同时，也释放人类呼吸或者动物呼吸所用的氧气(O_2)(宋庆丰 等，2015)。

(6)固土保肥功能

由于植物的存在,不同类型的土壤与无植物情况下相比,其侵蚀量存在较大区别。根据中国土壤侵蚀显示:无植被覆盖的情况下,土壤中等程度的侵蚀深度为15～35 mm/a。同时,湿地在保持土壤侵蚀的过程中,也具备了保肥功能。湿地的保肥功能是指,防止易溶解于水或在某些外力的作用下易与土壤分离的氮、磷、钾等养分流失(宋庆丰 等,2015)。

(7)休闲娱乐功能

中国许多湿地现已形成了集航运、观光和休闲等功能于一体的优良景观,湿地自然景色优美,是大量鸟类和水生动植物的栖息繁殖地,吸引了大量的游客前去观光游览(傅娇艳 等,2007;宋庆丰 等,2015)。甚至成为许多城市人向往的家园或者精神寄托。

(8)文化科研教育功能

湿地生态系统具有的水域、陆地、沼泽、滩涂等多种生境,形成了结构和功能奇异的动植物群落,为众多领域的学者探索自然奥妙提供了良好的自然基地和理想的科学实验基地(宋庆丰 等,2015)。另外,不少湿地包含着丰富的历史文化遗产,具有科学研究及教育价值。

(9)生物多样性维持功能

湿地介于陆地和水体之间,属于复合生态系统,大面积的芦苇沼泽、滩涂和河流、湖泊为野生动植物提供了良好的生存、繁殖、迁徙和栖息地(宋庆丰 等,2015)。因此,湿地具有丰富的生物多样性和巨大基因库,在保护生物多样性方面具有极其重要的价值。许多珍稀和濒危物种通常以湿地作为庇护、生存和繁衍的屏障(傅娇艳 等,2007)。如长江中游平原区重要的湖泊湿地生态系统是许多鸟类的重要栖息地。

9.2.2 湿地生态系统服务功能评估方法

(1)直接市场价格法

直接市场价格法是指对有市场价格的生态系统产品和功能进行估价的一种方法,主要是用于生态系统生产的物质产品的评价(Woodward et al.,2001;欧阳志云 等,1999)。

(2)碳税法和造林成本法

碳税法和造林成本法根据生物的生物特征,其具有吸收 CO_2 和释放 O_2 的能力,利用光合作用方程式,计算出单位干物质所吸收的 CO_2 和释放的 O_2 量,并根据国际和国内对 CO_2 排放收费标准将生态指标换算成经济指标,得出固定 CO_2 的经济价值(任志远,2003;Simon,2000)。

(3)旅行费用法

旅行费用法常常用来评价那些没有市场价格的自然景点或者环境资源的价值。通过旅游者在消费这些环境商品或服务所支出的费用,对湿地旅游价值进行估算(Woodward et al.,2001)。

(4)影子工程法

影子工程法也被称为替代成本法,通常是指以人工建造一个工程来替代生态功能或原来被破坏的生态功能的费用(庄大昌,2004)。实际上,造林成本法是一种替代成本法或影子工程法(江波 等,2015a)。

(5)资产价值法

资产价值法是用环境质量的变化引起资产价值的变化来估计环境污染或改善环境质量

所带来的损失或收益(欧阳志云 等,1999;辛琨 等,2002)。

(6)生态价值法

生态价值法是将 Pearce 的生长曲线与社会发展水平以及人们生活水平结合,根据人们对某种生态功能的实际社会支付和物质价值来估算生态服务价值的方法(Woodward et al.,2001;任志远,2003;庄大昌,2004)。

(7)假想市场法(或陈述偏好法)

假想市场法用于没有市场交易、市场价格的生态系统产品和服务的价值评价,是一种人类构造假想市场来衡量生态系统服务功能和环境资源的价值方法(Pearce,1990;张运 等,2012)。假想市场法包含条件价值法(CVM)和选择实验法(CE)(王显金 等,2018),但最具代表性的方法是条件价值法(CVM)或称为意愿调查法(Pearce,1993)。条件价值法是基于效用最大化原理,通过构建假想市场得到人们对非市场物品的支付意愿与补偿意愿,进而得到非市场物品的全部价值,尤其是非使用价值(Lovett et al.,2001;Bateman et al.,2001;王显金 等,2018)。

9.3 大九湖湿地服务功能价值评估

湿地是重要的生态系统,也是人类重要的生命支持系统,它为区域环境提供许多重要的服务功能。20 世纪末,Daily(1997)将生态系统服务定义为自然生态系统及其组成物种所提供的能够满足和维持人类生活需要的条件和过程;Costanza 等(1997)13 位研究者定义为来自生态系统功能提供给人类直接(如食物)或间接(如废弃物降解)的效益,从而将生态系统服务价值评估推向了高潮;而中国学者欧阳志云等(1997)在基于国内外研究的基础上,于 1999 年将其定义为生态系统与生态过程所形成与维持的人类赖以生存的自然环境条件与效用,促进了中国对生态系统服务价值的评估。21 世纪初叶 Groot 等(2002)将生态系统服务定义为自然过程及其组成部分提供的产品和服务,即满足人类生活直接或间接需要的产品和服务;2005 年联合国千年生态系统评估定义生态系统服务包含自然生态系统和人类改造的生态系统为人类提供的直接的、间接的、有形的和无形的效益,并将生态系统服务划分为供给服务、调节服务、文化服务和支持服务(Assessment,2005);2007—2008 年,Boyd 和 Banzhaf(2007)、Fisher 和 Turner(2008)认为生态系统服务是自然中直接被享受、被消费的,或用于人类福祉的组分,唯有对人类效益产生直接贡献的生态系统过程或功能的组分方能称为服务,即生态系统最终服务。然而针对联合国千年生态系统评估划分的 4 大服务中的供给服务和文化服务通常是最终服务,调节服务既可是中间服务也可以是最终服务(Keeler et al.,2012),支持服务是中间服务(Polasky et al.,2009)。生态系统最终服务是人类直接利用生态系统的自然组分产生效益的过程,生态系统中间服务只是产生生态系统最终服务的生态特征(Boyd,Banzhaf,2007;Fisher,Turner,2008)。

综上所述,生态系统服务是评估生态系统最终服务,并采取合理的评价指标和评价方法将抽象的服务转化为人们能感知的货币,直观地反映生态系统的各项服务创造的价值。众所周知,湿地与海洋、森林并列为全球三大生态系统,它不仅为人类的生存提供了生活所需的产品（食物、淡水资源），也在保持土壤、调蓄洪水、改善气候、休闲娱乐、文化科研教育等方面发挥着重要作用。1997 年，Costanza 等 13 位研究者评估的全球生态系统服务价值每年达 33.3 万亿美元，是全球生产总值的 1.8 倍，而湿地生态系统（海岸生态系统、潮汐沼泽、红树林、沼泽、泛红平原湿地、河流和湖泊）每年提供服务价值为 19.15 万亿美元，接近全球生态系统服务总价值量的 60%。然而，随着全球社会经济快速发展，湿地生态系统服务价值长期未得到人类社会的全面认知，致使人们对湿地资源的不合理利用，导致天然湿地大量丧失和功能退化，制约社会经济发展，进而开展湿地生态系统服务功能货币量化评估，促进人类社会对湿地生态系统服务价值认知，推动全社会的湿地保护意识和可持续地利用湿地资源具有重要作用。

神农架大九湖湿地作为华中地区面积最大、海拔最高和保存完好的北亚热带高山泥炭藓沼泽湿地，是南水北调中线工程水源涵养地（潘晓斌 等，2013）、神农架国家公园的重要组成部分和鄂西生态文化旅游圈，具有重要的科学研究文化价值，然而，目前有关神农架大九湖湿地生态系统服务价值量的评估尚未见报道，阻碍了人们对神农架大九湖湿地生态服务功能价值的认知，不利于政府决策者、湿地管理者对神农架大九湖湿地的保护、管理及合理利用。因此，评估神农架大九湖湿地生态系统服务价值，可为大九湖湿地保护与修复提供科学依据。

9.3.1 研究区域与评估方法

神农架大九湖地处湖北省西北端神农架林区，坐落在大巴山脉东段北麓，为亚高山湿地，也是华中地区面积最大、海拔最高的高山湿地和保存完好的北亚热带高山泥炭沼泽湿地，是南水北调中线工程重要水源涵养地，也是名贵中药材生产基地，生态地位十分重要（潘晓斌等，2013）。大九湖湿地属于亚高山寒温带潮湿气候，年均气温 7.4℃，最热 7 月 18.8℃，最冷 1 月 −21.2℃，年均降水量 1 523.2 mm，相对湿度 80%，海拔 1 760 m，湿地总面积约 1 645 hm^2（潘晓斌 等，2013；罗涛 等，2015；尹发能，2009）。大九湖湿地区域内有高等维管植物 46 科 83 属 98 种，以阿齐薹草（*Carex argyi*）、灯心草（*Juncus effuses*）、地榆（*Sanguisorba officinalis*）、紫羊茅（*Festuca rubra*）等为沼泽湿地的优势植物（罗涛 等，2015）。

数据来源主要是通过文献资料收集和中国知网、中国畜牧网以及其他的网页报道的资料评估大九湖湿地生态系统服务价值。主要参考 Costanza 等（1997）、江波等（2015a）、崔丽娟（2004）和庞丙亮等（2014）评价指标和评估方法，初步评估大九湖湿地生态系统服务价值量，评价指标和评估方法见表 9-3。

表 9-3 神农架大九湖湿地生态系统服务功能价值类型与评估方法

最终服务	评价指标	评价方法
物质生产	牛	市场价值法
供水	地表水年径流量	市场价值法
固碳	植被生物量	造林成本法
调蓄洪水	土壤调蓄水量 地表滞水 湖泊调洪量	影子工程法

续表

最终服务	评价指标	评价方法
土壤保持	减少土地废弃 保肥	替代成本法
大气调节	湿地增湿调温 释放 O_2 CH_4 排放	替代成本法 工业制氧法 造林成本法
休闲娱乐	旅行费用	旅游成本法
科研教育	科研投入	科研投入金额

9.3.2 神农架大九湖湿地生态系统服务价值评估

湿地生态服务功能价值评估技术依据湿地生态服务功能效益的不同，其评估技术的方法也有差异，某种湿地效益可用不同的评估方法，而同一评估方法也可对多个湿地效益适用，对于湿地效益的选取，应选择效益最突出的类型，而对于评估方法的选取，应视其可行性和可操作性来进行(弗里曼，2002；庄大昌，2004)。根据以上湿地生态系统功能、服务和评估方法，以及神农架大九湖湿地生态系统收集的现有数据，最终选取8项服务(评估指标)作为神农架大九湖湿地生态系统服务功能价值的评估，主要服务功能及价值如下。

(1)物质生产服务功能价值评估

大九湖湿地主要物质产品为牛羊肉，由于数据缺乏，仅根据大九湖整个草场研究表明，理论载畜量约为333个牛单位，按照333头牛计算(尹发能，2009)。根据《中国畜牧网》2015年11月12日公布的湖北浠水农产品批发市场的牛肉价格为64.8元/kg，按照每头牛50 kg肉计算，1头牛单价为3 240元。大九湖湿地每年供应的物质产品价值为107.89万元。

(2)供水服务功能价值评估

大九湖湿地作为南水北调中线工程水源地——堵河的源头，而堵河是汉江最大支流，水源最终汇入丹江口水库，使得大九湖湿地具有重要的供水服务价值。南水北调中线工程自2014年12月12日正式通水到2015年12月11日，正式入渠水量达 $2.39\times10^9\ m^3$，考虑长距离输水(1 432 km 干渠)存在蒸发损耗，2015年度向沿线受水区输水 $2.22\times10^9\ m^3$，占丹江口水库年蓄水量($2.91\times10^{10}\ m^3$)的7.6%，惠及沿线14座大中城市，人口达3 800万人。据研究报道，大九湖流域面积为 $43.24\ km^2$，主要由降水形成，大九湖多年平均径流深1 103.9 mm，多年地表径流量 $4.75\times10^7\ m^3$(潘晓斌 等，2013)。由于堵河水最终流入丹江口水库，计算大九湖2015年度供水价值，以大九湖湿地多年平均地表径流量的7.6%作为丹江口水库调水量，沿线城市水价见表9-4，水价按第2阶梯水价计算，得到大九湖湿地供水价值为1 998.21万元。

表 9-4 大九湖湿地供水价值评估

地区	第1阶梯水价/(元·m^{-3})	第2阶梯水价/(元·m^{-3})	第3阶梯水价/(元·m^{-3})	南水北调中线工程2015年度调水量比例/(元·m^{-3})	价值/万元
北京	5.00	7.00	9.00	3.80	432.28

续表

地区	第1阶梯水价/(元·m^{-3})	第2阶梯水价/(元·m^{-3})	第3阶梯水价/(元·m^{-3})	南水北调中线工程2015年度调水量比例/(元·m^{-3})	价值/万元
河北	3.55	4.66	7.99	8.40	636.13
天津	4.90	6.20	8.00	1.30	130.98
河南	4.10	5.65	10.30	8.70	798.82
合计					1 998.21

(3)固碳服务功能价值评估

湿地生态系统固碳服务功能价值主要是指,湿地植物通过光合作用固定 CO_2 的能力,通常是根据湿地植物生物量评估湿地生态系统固碳服务价值。湿地植物生物量数据来源以余明勇等(2013)研究报道的大九湖盆地景观平均生物量为依据,湿地面积以大九湖湿地湖泊和沼泽面积为主,分别为 115 hm^2,800 hm^2(合计 915 hm^2)(表9-5)(潘晓斌 等,2013;李素霞 等,2008)。大九湖湖泊湿地植物总生物量为 23 t,沼泽湿地植物总生物量为 12 000 t。根据光合作用方程式得到植物固碳量,每产生 1 g 干物质,植物需要固定 1.63 g CO_2,相当于 0.44 g 碳,计算的大九湖湿地植被每年固碳量为 8.62×10^3 t。固碳价值采用中国造林成本法计算,CO_2 造林成本为 1 320 元/t(江波 等,2015b),固碳价值为 1 137.84 万元。

表 9-5 大九湖盆地湿地景观类型和面积

湿地类型	面积/hm^2	平均净生产力/($g\cdot m^{-2}\cdot a^{-1}$)	平均生物量/($t\cdot hm^{-2}$)
湖泊	115	325.0	0.2
沼泽	800	458.6	15.0

(4)调蓄洪水服务功能价值评估

大九湖亚高山湿地的调蓄洪水能力主要包含,沼泽的土壤调洪能力、植被的地表滞水能力和湖泊调蓄能力。研究表明,大九湖泥炭沼泽的持水量是土壤重量的 5~8 倍,土壤容重是 0.2~0.35 g/cm^3,按照泥炭厚度 0.5 m、沼泽面积 800 hm^2 计算,大九湖湿地泥炭储量约为 4×10^7 m^3(李素霞 等,2008),按照水的密度为 1 g/cm^3 计算,得到大九湖沼泽湿地最低可调蓄洪水 4×10^7 m^3。地表滞水主要是指植被截留降雨、延缓洪水和消减洪峰流量的能力。植被的防洪能力可以通过截留降水量来计算,本区的截留系数取 27.5%(庞丙亮 等,2014),计算得到大九湖沼泽植被截留降水量为 3.34×10^6 m^3。根据大九湖 9 个湖泊高水位和低水位的湖泊容积之差计算湖泊调蓄洪水能力(潘晓斌 等,2013),得到湖泊调蓄洪水能力为 1.04×10^6 m^3,单位库容水库造价 6.11 元/m^3(江波 等,2015b)。

因此,大九湖湿地调蓄洪水价值=(沼泽的土壤调洪能力+植被的地表滞水能力+湖泊调蓄能力)×单位库容水库造价,为 2.711 6 亿元。

(5)土壤保持服务价值评估

湿地生态系统的土壤保持服务包含减少土地废弃价值、保持土壤养分价值和减少泥沙淤积价值,其中减少土地废弃价值与减少淤积价值存在着重复计算(庞丙亮等,2014)。因此本研究只计算减少土壤废弃价值和保持土壤养分价值,按照崔丽娟(2004)评估鄱阳湖湿地保持土壤价值采用减少土壤侵蚀价值的替代法计算。减少侵蚀总量为 $2.29\times10^5\ m^3$。

湿地减少土壤侵蚀的价值采用土地废弃的机会成本来代替，即认为湿地完全破坏后，这些土地将退化乃至废弃，用土壤的侵蚀量和一般的土壤耕作层的厚度来推算相对相当的土地面积减少量（崔丽娟，2004）。一般土壤耕作层厚度为 15～20 cm。年废弃土地面积为 $1.53\times10^6\ m^2$。

湿地生态平均效益，采用大九湖亚高山耕作土地种植高山蔬菜生产效益为 75 000 元/hm^2，计算湿地生态的平均效益，年减少土壤侵蚀的价值 1.14 亿元。

大九湖湿地减少土壤肥力流失的价值。土壤流失主要带走土壤营养物质，这里采用 N、P、K 养分作为土壤肥力流失的价值估算。根据研究表明泥炭沼泽地的土壤全氮、全磷、全钾含量平均值分别为 24.5 g/kg、0.9 g/kg、5.4 g/kg（李素霞 等，2008）。根据化肥的价格采用《2012 年中国统计年鉴》中尿素、磷酸氢二胺和氯化钾的进口价格，分别为 4 568 元/t、4 203 元/t、2 716 元/t（庞丙亮 等，2014）。于是，减少土壤肥力流失价值 5 395 万元。

因此，大九湖土壤保持服务价值＝年减少土壤侵蚀价值＋年减少土壤肥力流失价值＝1.683 3 亿元。

（6）大气调节服务价值评估

大气调节价值包含植物光合作用释放氧气、湿地生态系统蒸腾蒸发的增湿调温、温室气体二氧化碳（CO_2）和甲烷（CH_4）排放（庞丙亮 等，2014）。大九湖湿地由于缺乏 CO_2 排放数据，不评价该价值。释放氧气、增湿调温服务价值属于正效应，而温室气体排放属于负效应（庞丙亮 等，2014；江波 等，2015b）。增湿调温价值是根据 1956—2010 年的实测资料计算而得，大九湖湖泊体积水量 $1.37\times10^6\ m^3$，多年平均水面蒸发量 643.1 mm，多年平均陆面蒸发量 419.3 mm（潘晓斌 等，2013）。湖泊水域调节空气湿度和温度价值，公式参考江波等（2015b），即通过单位体积水量（1 m^3）转化为蒸汽耗电量 125 kW/h，结合大九湖水面蒸发量和湖泊水体年均蒸发量折算系数（$k=0.75$），得到大九湖湖泊水域大气调节服务价值 346.671 1 万元；另外，大九湖湿地陆面蒸发包含土壤蒸发、植物蒸腾和陆面水的蒸发的大气调节价值，得到陆面沼泽大气调节价值 2 096.50 万元，大九湖湿地增湿调温服务价值为 24 431 711 元。

释放氧气（O_2）价值是根据植物光合作用方程式，植物每产生 1 g 干物质释放 1.19 g O_2，植物总生物量为 12 023 t。O_2 价格采用中华人民共和国国家卫生健康委员会网站中 2007 年春季 O_2 的平均价格 1 000 元/t。得到大九湖湿地生态系统释放 O_2 价值为 1 430.737 万元。

温室气体 CH_4 排放价值是负效应价值，由于湖泊湿地 CH_4 排放通量数据缺乏，仅根据李艳元等（2017）报道大九湖泥炭湿地 CH_4 排放通量计算而得，大九湖泥炭湿地 CH_4 排放 78.56 kg/hm^2。此外，CH_4 的温室效应是 CO_2 的 24.5 倍（庞丙亮 等，2014），因此，在计算 CH_4 温室气体的负效应时，要转化为 CO_2 当量评估负效应价值，大九湖湿地 CH_4 排放相当于 CO_2 排放 1 924.72 kg/hm^2。依据造林成本法和泥炭湿地面积计算，大九湖湿地温室气体负效应价值为 203.25 万元。

因此，大九湖湿地大气调节价值为 3 670.66 万元。

（7）休闲娱乐服务价值评估

大九湖湿地由于气候湿润、空气清新和环境优美，是人们避暑和陶冶情操的圣地，2008 年湖北省委、省政府做出重大战略决策，通过激活鄂西地区丰富生态、文化等资源优势，破解交通、体制、机制等瓶颈障碍，强力建设“鄂西生态文化旅游圈”。近年来，每年达数十万人到大九湖湿地避暑和欣赏美丽的湿地景观资源，如2008—2015年旅游人次和门票收入逐年增加，2015年达到31.15万人次(图9-1)。休闲娱乐价值由人均旅行费用支出、人均旅行时间成本和人均消费者剩余价值3部分组成(江波 等，2015a)，因数据缺乏，本研究仅仅评估人均旅行费用支出的门票与住宿费用价值和旅行时间成本价值作为大九湖湿地休闲娱乐服务价值。根据《2015年度人力资源和社会保障事业发展统计公报》的全国城镇就业人员每人平均日工资140元左右(依据全国城镇非私营单位和城镇私营单位就业人员年平均工资62 029和39 589元计算而得)，旅行时间成本费用按照日工资率的30%计算(江波 等，2015b)，求得人均时间成本为42元/次，游客在大九湖湿地逗留时间为1 d。另外，大九湖湿地游客一般住宿在神农架林区木鱼镇和坪阡古镇，住宿费每人150～400元/次，取中间值为300元/次；大九湖湿地门票为120元/人次，平时有时会有优惠价(神物价文〔2008〕83号)，根据大九湖湿地门票实际收入为3 500万元，得到旅行费用支出1.284 5亿元和时间成本1 308.3万元，合计得到大九湖湿地休闲娱乐价值1.415 3亿元。

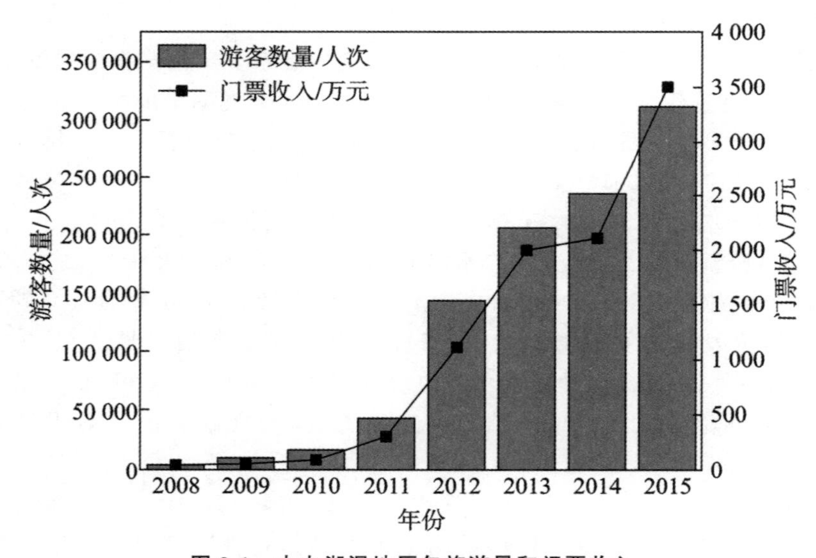

图9-1 大九湖湿地历年旅游量和门票收入

(8)科研教育服务功能价值评估

湿地生态系统的科研价值主要包含相关的基础科学研究、教学实习基地、文化宣传等价值。根据实际调查，本研究仅仅计算大九湖湿地科学研究价值，通过每年发表的论文量的总投入成本计算。通过在中国知网以关键词“大九湖”检索到2015年17篇论文，在ScienceDirect以关键词“Dajiuhu”检索到2015年论文9篇。研究表明平均每篇论文的投入经费为35.76万元，但是由于中国的科研项目完成期一般为3年，每篇论文投入11.92万元(庞丙亮等，2014)。2015年大九湖湿地科研教育服务价值为309.92万元。

(9)湿地生态系统服务总价值量

神农架大九湖湿地生态系统服务总价值量约为6.53亿元(表9-6)，占到2015年神农架林区国内生产总值(GDP)22.5亿元的29.02%。其中，神农架大九湖湿地生态系统服务价值中最大服务价值为调蓄洪水价值 2.71 亿元，占总价值量的 41.51%，土壤保持价值 1.69 亿元，休闲娱乐价值 1.42 亿元，而科研教育服务价值是 309.92 万元，占服务价值的 0.47%。因此，大九湖湿地生态系统 8 项服务价值按照价值量大小排序，依次为：调蓄洪水＞土壤保持＞休闲娱乐＞大气调节＞供水＞固碳＞科研教育＞物质生产（表 9-6）。

表 9-6　2015 年大九湖湿地生态系统服务价值

湿地生态系统服务	价值量/万元	比例/%
物质生产	107.89	0.17
供水	1 998.21	3.06
固碳	1 140.00	1.75
调蓄洪水	27 116.00	41.51
土壤保持	16 833.00	25.77
大气调节	3 670.66	5.62
休闲娱乐	14 153.30	21.66
科研教育	309.92	0.47
合计	65 328.98	100.00

9.3.3　结论与展望

湿地作为大自然对人类的赋予，为人们带来的价值有很多，除了巨大的直接经济价值外，还有生态价值和社会价值。根据现有数据，初次评估了大九湖湿地 8 项最终服务价值，总价值量为 6.53 亿元，接近 2015 年神农架林区国内生产总值的 30.0%，表明了神农架大九湖湿地生态系统服务功能价值的重要性和具有的重要生态地位，为神农架林区保护与恢复大九湖湿地提供了重要参考依据。在评估的 8 项生态系统服务中，调蓄洪水、土壤保持和休闲娱乐 3 项服务价值占总价值量的 88.94%，说明这 3 项服务价值是神农架大九湖湿地的主导服务，反映出神农架大九湖湿地资源的特征，一方面是大九湖湿地作为南水北调中线工程的水源地，在涵养水源和保持土壤服务价值中发挥着重要作用；另一方面，大九湖湿地休闲娱乐服务价值高达 1.4 亿元，这与神农架大九湖湿地属于《中国国家湿地公园》《国际重要湿地名录》《世界地质公园》和“国家 5A 级景区”密切相关，美国《国家地理》杂志推荐“人一辈子不得不去的地方之一”，是鄂西生态文化旅游圈的核心板块和国内外游客向往的重要避暑胜地和精神家园。评估结果用直观的数字反映出神农架大九湖湿地为人类提供的巨大福祉，突出了大九湖湿地保护的重要性。评估结果不仅能提高公众和管理者对神农架大九湖湿地生态系统服务的认知，也为生态补偿政策多元化制定提供科学依据。

湿地生态系统服务总价值量的高低，一方面与研究者选择评价指标、评价方法、数据有效性有关（江波 等，2015a；庞丙亮 等，2014），如固碳价值评价有采用瑞典的碳税法和造林成本法，而瑞典碳税法可能不适合中国国情。另一方面，人类对湿地生态系统功能、服务和价值之间的关系认知也不断发生变化，导致选择的评价指标和评价方法也不同，进而生态系统服务价值评估结果不一。如江波等（2015a）在评价中国内陆最大的淡水湖——博斯腾湖生态系统最终服务价值时，既评价了湿地净化水质价值，也评价了水资源供给价值；而庞丙亮等(2014)评价若尔盖高寒湿地最终服务价值中仅评价了水资源供给价值，而水质净化价值作为中间服务，如都评价，存在重复评价。此外，在休闲娱乐和大气调节价值的评估中，因数据缺乏，仅评估了部分价值，今后尚须完善大九湖湿地生态系统服务价值评估。

然而，值得注意的是科研教育服务价值仅占服务总价值量的0.47%，但其地位不容忽视。因为湿地生态系统服务功能价值长期以来在经济社会发展中没有得到人类的足够认知，是造成湿地资源的过度开发利用，导致天然湿地丧失和功能退化的重要因素(李艳元等，2017；Turner 等，2003)。因此，加强大九湖湿地生态系统时空动态监测和科学研究，完善湿地生态系统服务价值评估，综合调控湿地生态系统结构、功能和过程的关键影响因子，提高湿地生态系统主导服务功能价值，为保护神农架大九湖湿地生态系统的完整性和健康稳定性提供重要依据。

第十章 神农架大九湖湿地生态系统健康评价

水是生态之基，水的品质决定着生态环境的品质。为保护湖北省唯一高山湿地——神农架大九湖的生态环境，开展生态水文监测调查与健康评级分析，推动大九湖湿地湖泊水生态文明建设，分析评估生态文明的现状和变化，及时掌握生态环境变化趋势，为湿地生态系统保护与修复提供基础数据、技术支撑和决策依据，意义重大。通过对神农架大九湖系统全面的生态水文监测、生态调查，掌握其生态系统各要素的基本情况，评价湖泊水环境质量状况、富营养化程度、生态系统健康状态，掌握其生态环境变化趋势，为其保护提供决策依据。

10.1 神农架大九湖湿地生态现状评价

10.1.1 生态水文监测与生态指标

大九湖生态水文监测指标包括水文要素、气象要素、水体物理要素、水体化学要素、水生态要素。生态调查包括污染物调查、生态调查监测、底质调查、生物调查。

1)水文要素：水位(水深)、流速、流量、含沙量；

2)气象指标要素：太阳辐射、气温、气压、风速风向、湿度、降雨量；

3)水体物理要素：水温、浊度、电导率；

4)水体化学要素：pH 值、溶解氧、碱度、硬度(钙、镁)、总磷(磷酸盐)、总氮、硝酸盐氮、氨氮、硅酸盐、高锰酸盐指数、生化需氧量(BOD)；

5)水生态要素：叶绿素 a 浓度、浮游植物种类(定性、定量)、浮游动物种类(定性、定量，仅监测水库、湖泊)。

6)污染物调查：氟化物、氰化物、挥发酚、铅、汞、铜、六价铬、砷、镉、硫化物；

7)底质调查：上覆水(总氮、总磷、硝氮、氨氮、硅酸盐)、间隙水(总氮、总磷、硝氮、氨氮、硅酸盐)；

8)生物调查：鱼类种类、鱼类生物量、沉水植物种类、挺水植物种类、底栖生物(定性、定量)。

10.1.2 大九湖湿地生态现状评价

(1)水质现状评价

根据《地表水环境质量标准》(GB 3838—2002)标准限值，采用单因子类别评价法定性评价，结合本次监测评价指标项目 21 项，即 pH 值、溶解氧、高锰酸盐指数、五日生化需氧量、氨氮、铜、锌、氟化物、硒、砷、汞、镉、铬(六价)、铅、氰化物、挥发酚、阴离子表面活性剂、硫化物、总磷、粪大肠菌群。

这里采用 2014 年 11 月生态监测与调查数据。依据大九湖各监测断面的水质分析数据评价显示，大九湖 1～9 号湖除 7 号湖监测水质类别为Ⅴ类，主要超标因子为总氮，超标倍数为 0.76，为轻度污染；其余湖泊水质类别均达到Ⅲ类水质标准，水质优良，达到水功能区划目标，大九湖整体水质较好。

(2)富营养化评价

水体富营养化评价方法采用水体富营养化状态综合指数法。选取与水体富营养化密切相关的透明度、叶绿素、总氮、总磷、高锰酸盐指数等五项指标，依据《地表水资源质量评价技术规程》(SL 395—2007)中指数法，评价湖库富营养状态。按其评价标准，大九湖富营养状态：1～2 号湖为轻度富营养，3～9 号湖为中营养。

(3)生态调查

1)浮游植物调查。大九湖浮游植物优势藻种主要有硅藻门的小环藻、短缝藻和直链藻，绿藻门的小球藻、栅藻和衣藻，蓝藻门的蓝纤维藻、色球藻和席藻，隐藻门的隐藻，裸藻门的裸藻、扁裸藻和囊裸藻，黄藻门的绿囊藻和黄管藻以及金藻门的锥囊藻和棕鞭藻。

2)浮游动物调查。大九湖浮游动物检出轮虫和桡足类 2 门类，且主要以轮虫为主。

3)底栖动物调查。大九湖底栖动物主要以耐污种摇蚊幼虫、颤蚓为主，底泥营养盐高，腐殖质丰富，反映内源污染重。

4)水生植物调查。水生植物共计 6 种，隶属于 6 科 6 属。其中菹草为优势种。

5)鱼类调查。鱼类以静水杂食性鱼类(棒花鱼、鳑鲏和黄鱼幼)为主，群落结构比较单一脆弱。围堤造湖导致的栖息地环境改变，主要原因是放养的鲢鱼、鲤鱼、鲫鱼、草鱼等非土著鱼类对栖息地和食物的竞争所致。

10.2　神农架大九湖湿地生态系统健康评价

10.2.1　大九湖生态系统健康评价方法

选取总氮、总磷、氨氮、高锰酸盐指数、透明度、溶解氧、氟化物、浮游植物生物量、浮游动物生物量和底栖动物生物量等作为大九湖生态系统健康评价指标。

根据大九湖生态监测与调查的指标，采用多指标评价法，选用综合健康指数法对大九湖监测断面生态系统健康程度进行评价。评价步骤：评价指标的选取→计算各指标的归一化值→确定指标熵→确定指标熵权→计算综合健康指数→依据综合健康指数评价健康状态。

10.2.2　大九湖生态系统健康评价结果

大九湖生态系统健康评价指标监测数据详见表 10-1。经过对各指标的归一化值及其综合健康指数的计算，得到大九湖综合健康指数，详见表 10-2。依据健康状态区间划分方法得出大九湖健康状态评价结果，详见表 10-3。

由表 10-2 中的综合健康指数计算结果与表 10-3 大九湖生态系统健康评价结果显示，大九湖生态系统健康状况整体较差，除1号湖、2号湖和8号湖为一般病态外，其余各湖均为亚健康。为了验证熵权法评价湖泊生态系统健康结果的正确性，将生态系统健康评价结果与营养化状态相比较，其结果见表10-4。

由表10-4可知，大九湖整体表现为中营养化，在此情况下得到大九湖生态系统健康整体表现为较差是合理的。其中1号湖和2号湖轻度富营养化，健康状况较差，主要因为该区域水深较浅，淤泥较深，而且人类活动对该区域的干扰强度及频率较高。

表10-1　大九湖生态系统健康评价指标监测值

断面指标	1号湖	2号湖	3号湖	4号湖	5号湖	6号湖	7号湖	8号湖	9号湖
TP/(mg/L)	0.050	0.029	0.048	0.024	0.014	0.020	0.022	0.024	0.020
TN/(mg/L)	0.793	0.614	0.581	0.782	0.536	0.659	1.766	0.815	0.760
NH_3-N/(mg/L)	0.071	0.222	0.195	0.189	0.189	0.087	0.071	0.098	0.103
COD_{Mn}/(mg/L)	4.889	4.174	3.826	3.826	4.731	4.000	2.495	4.178	3.604
SD/m	0.700	0.710	1.800	0.980	0.700	0.800	1.540	1.200	0.800
DO/(mg/L)	10.012	8.311	9.117	8.708	8.859	9.235	9.453	9.127	9.377
浮游植物生物/(个/L)	42 049 284	21 271 308	28 352 071	8 314 092	6 529 392	8 256 053	6 384 294	5 230 768	6 950 175
浮游动物生物量/(个/L)	80	17	413	137	40	7	53	7	7
底栖动物生物量/个	46	43	2	110	20	30	174	56	75

表10-2　大九湖生态系统熵权综合健康指数

断面	1号湖	2号湖	3号湖	4号湖	5号湖	6号湖	7号湖	8号湖	9号湖
综合健康指数	0.2 197	0.2 512	0.4 696	0.5 386	0.4 046	0.4 036	0.4 683	0.3 458	0.4 069

表10-3　大九湖生态系统健康评价结果

断面	1号湖	2号湖	3号湖	4号湖	5号湖	6号湖	7号湖	8号湖	9号湖
健康状态	一般病态	一般病态	亚健康	亚健康	亚健康	亚健康	亚健康	一般病态	亚健康

表10-4　大九湖生态系统健康评价结果验证表

断面	1号湖	2号湖	3号湖	4号湖	5号湖	6号湖	7号湖	8号湖	9号湖
健康状态	一般病态	一般病态	亚健康	亚健康	亚健康	亚健康	亚健康	一般病态	亚健康
营养状态	轻度富营养	轻度富营养	中营养	中营养	中营养	中营养	中营养	中营养	中营养

10.2.3　大九湖生态系统健康评价结论

1)大九湖整体水质状况较好，除7号湖总氮为轻度污染外，其余湖泊监测点的水质类别均达到Ⅲ类水质标准，水质为良，达到水功能区划目标。

2)大九湖各湖之间综合营养状态指数波动不大,说明大九湖整体水体交换功能良好;大九湖生态系统健康状况总体较差;人类活动对1～2号湖泊的干扰强度较高。

3)底泥营养盐高,腐殖质丰富,反映内源污染重。

4)围堤造湖导致鱼类群落的栖息地环境改变,结构比较单一脆弱。主要原因是放养的鲢鱼、鲤鱼、鲫鱼、草鱼等非土著鱼类对栖息地和食物的竞争所致。

第十一章 神农架大九湖湿地生态系统监测体系

根据《国家林业局陆地生态系统定位研究网络中长期发展规划(2008—2020年)》和参照《湿地公约》的湿地分类系统和我国湿地资源的特点,我国的湿地划分为沼泽湿地、湖泊湿地、河流湿地、滨海湿地和人工湿地等5大类37型,要求湿地生态站的布局覆盖所有5个大类的湿地,规划在2020年国家林业局湿地生态系统定位研究站建成达到50个站的规模。在湖北省规划布局的2个湿地生态站中,湖北神农架大九湖湿地生态观测研究站就是其中的一个。

11.1 神农架大九湖湿地生态站建设背景

11.1.1 全国湿地生态站建设背景

20世纪下半叶以来,气候变暖、土地沙化、水土流失、干旱缺水、物种减少等生态危机正严重威胁着人类的生存与发展。随着1992年“世界环境与发展大会”的召开和1997年《京都议定书》的签订,以及2000年联合国《千年生态系统评估(MA)》的开展,人们越来越关注地球生态系统和全球气候变化的相互作用,迫切需要获取反映陆地生态系统状况的各种信息,同时,各国政府在进行生态保护、自然资源管理、应对全球气候变化和实现可持续发展等宏观决策中也需要相关信息和数据作为科学依据(国家林业局,2008)。

湿地、森林、荒漠是陆地上最重要的三大生态系统,林业作为生态建设的主体,国家十分重视野外科学观测研究工作。从2003年开始,《中共中央国务院关于加快林业发展的决定》就把“抓好林业重点实验室、野外重点观测台站、林业科学数据库和林业信息网络建设”作为科技兴林的重要内容;《国家中长期科学和技术发展规划纲要(2006—2020年)》明确提出“构建国家野外科学观测研究台站网络体系”;《国家林业科技创新体系建设纲要(2006—2020年)》明确提出:“根据林业科学实验室、野外试验和观测研究的需要,新建一批森林、湿地、荒漠野外科学观测研究台站,初步形成覆盖主要生态区域的科学观测研究网络”(国家林业局,2008)。

最早开始长期生态学定位研究工作的是始于1843年英国洛桑(Rothamsted)实验站对土壤肥力与肥料效益长期定位试验,主要是对土壤-植物系统中养分的循环和平衡的影响,进行了长期系统的观测研究,做出了科学评价。随后,其他国家陆续开展了定位研究工作,包含欧洲、苏联、美国、日本、印度等国家。森林生态站的观测研究始于1939年美国Laguillo试验站对南方热带雨林的研究,然而,湿地生态系统定位观测研究起步较早,20世纪初,苏联在爱沙尼亚建立了第一个以沼泽湿地为研究对象的生态研究站。20世纪中叶以后,随着人们对湿地功能和价值的进一步认识，湿地研究备受重视，许多国家也相继建立了不同湿地类型的生态研究站。而我国在20世纪50年代末，国家结合自然条件和林业建设实际需要，在川西、小兴安岭、海南尖峰岭等典型生态区域开展了专项定位观测研究，并逐步建立了森林生态站，标志着我国生态系统定位观测研究的开始。1978年，国家首次组织编制了全国森林生态站发展规划。随后，在林业生态工程区、荒漠化地区等典型区域陆续补充建立了多个生态站。1992年修订了该规划，成立了生态站工作专家组，初步提出了生态站联网观测的构思，为建立生态网络奠定了基础。1998年起，国家林业局逐步加快了生态站网建设进程，新建了一批生态站，形成了初具规模的生态站网络点布局。2003年3月，召开了"全国森林生态系统定位研究网络工作会议"，正式成立中国森林生态系统定位研究网络，明确了生态网在林业科技创新体系中的重要地位，标志着生态站网建设进入加速发展、全面推进的关键时期。在此期间，湿地和荒漠生态站网依托国家相关科研项目，也取得了一定的进展，初步形成了网络化发展的格局（国家林业局，2008）。

2016年12月12日，国务院办公厅根据中共中央、国务院印发的《关于加快推进生态文明建设的意见》和《生态文明体制改革总体方法》的要求，发布实施了《湿地保护修复制度方案》，强调了湿地在涵养水源、净化水质、蓄洪抗旱、调节气候和维护生态多样性等方面发挥着重要功能，是重要的自然生态系统，也是自然生态空间的重要组成部分。并且国家把湿地保护作为生态文明建设的重要内容，将湿地提高到事关国家生态安全、事关经济社会可持续发展、事关中华民族子孙后代的生存福祉。因此，为了揭示陆地生态系统结构与功能，评估林业在经济社会发展中的作用，从20世纪50年代末至60年代初，原林业部就开始建设陆地生态系统定位研究站，在经过几十年的发展，现已初步形成了初具规模的陆地生态系统定位研究网络，已成为国家野外科学观测与研究平台的重要组成部分，对国家生态建设发挥着重要的支撑作用（国家林业局，2008）。

11.1.2 神农架大九湖湿地生态观测研究站建设背景

湖北神农架大九湖湿地生态系统国家定位研究站属于《国家林业局陆地生态系统定位研究网络中长期发展规划（2008—2020）》中规划的湿地生态站之一。该生态站地处湖北省西北部、神农架林区西北部神农架大九湖湿地国家湿地公园内，大九湖湿地作为华中地区面积最大、海拔最高和保存完好的北亚热带高山泥炭藓沼泽湿地；该区域整体呈盆形，四周环山，中间为1 645 hm^2 的湿地区域。是我国地势的第二级阶梯的东部边缘，由大巴山东延的余脉组成亚高山盆地地貌，盆地底部海拔1 730 m，周围群山环绕，东面的最高峰霸王寨海拔2 624 m，南面的四方台顶高2 600 m，最大相对高差894 m。该生态站所在大九湖盆地四面群山环抱，地处中纬度北亚热带季风气候区，属典型的大陆性高山潮湿气候。由于神农架地区雨水充沛，植被发育良好，在第三纪、第四纪冰川侵蚀作用下发育了多种沼泽湿地，尤其是泥炭沼泽湿地。

大九湖湿地区域土壤主要为沼泽土和草甸土，从沼泽向周边，地形逐渐增高，受地下水位影响逐渐降低，依次分布沼泽土—草甸沼泽土—草甸土。土壤的成土母质为冲积物和湖积物。沼泽中部的泥炭层厚度2.4 m，其外侧土壤过湿区泥炭层厚度1～2 m；沼泽外围泥炭层厚度0.5～1.0 m，接近坡地泥炭层厚度0.5～0.8 m。大九湖隶属堵河水系，大、小九湖盆地总汇水面积5 721 hm^2。大九湖内具有黑水河、九灯河等多条河流，从1号湖到9号湖各山坳均有自然溪流进入湿地，再经密布的人工渠网汇入主干渠，最后汇入西北角的10余个大小不等的落水孔，流入堵河，注入汉水，是南水北调中线工程的水源源头区。

经野外调查和搜集历史资料，大九湖湿地有陆生脊椎动物87种，隶属16目38科57属。其中，兽类24种，隶属5目13科21属；鸟类56种，隶属6目20科27属；爬行类1种，隶属1目1科1属，两栖类6种，隶属2目4科5属。其中列入国家一级保护动物的有梅花鹿（引进种）（*Cervus Nippon*）和白鹳（*Corsavhius magniflcus*）等2种；列入国家二级保护动物的有红腹角雉（*Tragopan temminckii*）、双尾褐凤蝶（*Bhutanitis mansfieldi*）等15种；国家保护有益的或有重要经济、科学研究价值的有隐纹花松鼠（*Tamiops swinhoei*）、雉鸡（*Phasianus colchicus*）、星头啄木鸟（*Dendrocopos canicapillus*）、酒红朱雀（*Carpodacus vinaceus*）、普通朱雀（*Carpodacus erythrinus*）、三道眉草鹀（*Emberiza cioides*）、菜花烙头蛇（*Trimeresurus jeudonii*）等22种。大九湖湿地范围内共分布有高等植物141科366属964种（含变种及栽培种），大九湖湿地（盆地）区域内有233种。其中大九湖湿地区域内有国家重点保护植物共5种（一级1种，二级4种），国家珍贵树种3种（二级3种）。另外，有苔藓植物13科18种。

大九湖湿地观测站在发展建设过程中始终坚持以保护为前提、开发与保护相结合的原则，严格执行总体规划，严格按照国家林业局《湿地生态系统定位观测研究站建设规程（LY/T 2900—2017）》的要求以可持续发展为宗旨，以生态学及环境保护学和水文学理论为指导，以充分发挥湿地的生态效益和社会效益为目标，以湿地能量循环、养分循环、水分循环、湿地生态系统健康、湿地生物多样性保护等观测为建设基础，遵循自然规律，依靠科学的设施、先进的观测和分析仪器，观测分析与研究并重且持续推进，实现数据资源共享、大尺度服务效应，逐步建成完备的湿地生态站标准系列。目前，已建成大九湖湿地生态站实验室，并购置了一批实验设备，建成了大九湖湿地博物馆，以及观测基础设施，包含气象站、水文站及其湿地生态环境的相关监测设施，有力提升了湿地保护意识和湿地保护水平。

11.2 神农架大九湖湿地生态站监测体系

根据神农架大九湖湿地生态定位研究站于2009年9月由国家林业局（林计批字〔2009〕435号）《国家林业局关于神农架大九湖湿地生态定位研究站建设项目可行性研究报告的批复》批准，由中央投资支出。建设内容涉及基础设施建设和野外观测设施建设，新建综合实验用房500 m^2（图11-1、图11-2），这包括气象记录室、微机室、准备室、实验室、分析室、值班办公室等。野外观测设施建设：设立固定样地10个，建设测流堰1座，测井2眼，地面气象站1座，综合观测塔1座，水上观测船1艘。

作为公益性项目，建设资金全部由中央财政预算内专项投资，现已建设完工，整体的建设实施和运行资金有保障。

图 11-1　大九湖湿地生态站综合实验楼

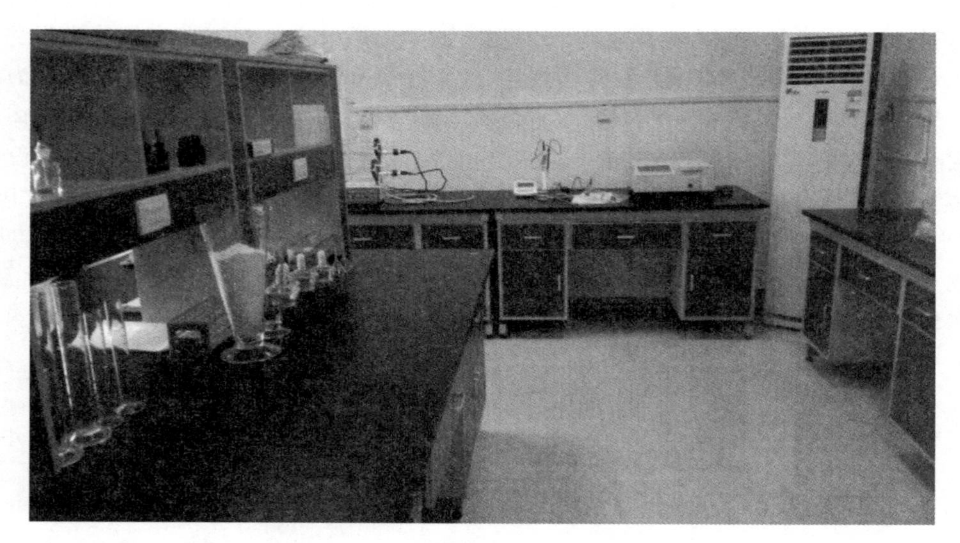

图 11-2　大九湖综合实验楼分析实验室

11.2.1　大九湖湿地地面气象长期监测

神农架大九湖湿地气象观测设施建设包括地面气象观测设施建设、梯度观测设施建设、大气干湿沉降及大气组分观测设施建设三个部分。目前，神农架大九湖湿地生态站选择在地势平坦的沼泽区域建设地面气象观测站。建成观测场规模为 16 m(东西向)×20 m(南北向)。观测内容主要涉及温度、湿度、风向、风速、雨量、蒸发、辐射、地温、日照。目前神农架大九湖湿地地面气象观测设施已经建成，开展了相关的数据在线传输工作(图 11-3)。

图 11-3　神农架大九湖湿地气象观测场

11.2.2　大九湖湿地生态系统动植物群落长期监测

在神农架大九湖国家湿地公园内选择灌丛、草甸、森林、泥炭沼泽湿地等不同类型区，针对神农架大九湖湿地生态系统结构与功能及动态演替开展长期定位观测研究，就必须建立针对不同湿地群落类型建设固定样地(30 m×30 m)，并对固定样地设置四周界桩、样地标牌及每木标牌等。

目前，大九湖湿地生态站建设，固定样地布局中涉及灌丛沼泽、森林沼泽、灌丛与草地生态系统、草甸沼泽、原始森林生态系统，森林与草甸的过渡地带生态系统以及草甸生态系统，草丛沼泽(主要为泥炭沼泽)。目前，湖北省林业科学研究院协同神农架国家公园管理局研究院在神农架大九湖湿地生态建设了泥炭藓草本监测固定样地、湖北海棠监测固定样地(图11-4 和图 11-5)，主要监测植物群落结构和功能及演替规律。

图 11-4　大九湖湿地草丛泥炭沼泽监测固定样地

图 11-5　大九湖湿地湖北海棠固定监测样地

11.2.3　大九湖湿地生态站测流堰的水文长期监测

神农架大九湖湿地生态定位研究站选取典型小流域开展湿地水文监测与研究，以湖面集水区为监测对象，选择森林和农地两种土地利用类型设置 2 个小型量水堰，由于汇水区面积均在 1 km 以下，故设计一般三角形测量水堰，以观测地表径流量。目前，大九湖湿地研究组与神农架水文水资源勘测局合作，已在大九湖湿地 3 个湖(1 号湖、5 号湖和 9 号湖)建立水文试验观测点，并对湿地生态环境要素进行长期监测(图 11-6)。

图 11-6　神农架大九湖湿地水文测流堰

11.2.4 大九湖湿地地下水位长期监测

选取神农架大九湖国家湿地公园农田和沼泽类型区，位于综合实验楼前面，利用现有测井开展地下水位长期监测，采用砖混结构各建测井 1 眼。测井规格为 500 mm× 500 mm×1 500 mm，测井里设置自动水位计。在测井上面建一个 600 mm×600 mm×800 mm 的水泥盒，用于安装水位仪，盒的上面盖板为防水板，便于打开记录数据，盒子确保水位仪的安全。

11.2.5 大九湖湿地水质长期监测

湿地水质观测包括对河流、湖泊、沼泽、库塘等各类湿地的水文特征、水体物理化学指标及水体污染的观测。需要建设测流堰、测井、河流观测站等，采购野外观测仪器设备。

11.2.6 大九湖湿地温室气体排放研究

天然沼泽湿地是重要温室气体排放源。在神农架大九湖湿地布置了通量仪器设备，针对大九湖湿地温室气体排放开展了监测研究。研究结果表明大九湖湿地是重要的甲烷排放源，日通量平均值为 15.57 nmol/(m^2 · s)，主要受空气温度、土壤温度和土壤含水率和摩擦风速的通量影响(李艳元 等，2017)；同时观测温室气体二氧化碳通量，生长季二氧化碳通量的日变化规律明显，整体呈“U”形曲线，范围在－6.84～6.65 μmol/(m^2 · s)(彭凤姣 等，2017)。由于泥炭沼泽湿地作为重要的碳汇功能，所以科学家们长期对大九湖湿地温室气体排放的研究具有重要意义，提升全社会的湿地保护意识具有重要意义。

神农架大九湖湿地生态系统研究站作为国家林业局陆地生态系统定位研究网络中长期发展规划(2008—2020 年)的主要站点之一，今后还需开展许多的研究工作。一是积极加强与高校科研院所的联合研究，为大九湖湿地保护与恢复提供科学依据，包含大九湖湿地放牧与牧场承载力之间的关系，游客旅游量与大九湖湿地生态环境的承载力之间的关系；二是积极加强大九湖湿地生态保护与修复工程，通过加大资金投入，开展退耕还湿工程；三是积极推进大九湖湿地生态系统国家观测研究站的建设和专家咨询工作。

第十二章 神农架大九湖湿地保护利用与持续发展

12.1 大九湖湿地保护与管理发展历程

在过去特定的历史条件下，为改善当地群众生产生活条件，发展地方经济，大九湖先后经历了挖渠围田、采伐木材、种草养畜及高山反季节蔬菜种植等开发利用活动，主要分为六个阶段。

第一阶段，1986—1992 年，为粗放开发期。当时，为满足当地居民生产生活需要，在大九湖开渠排滞，围田垦荒，开发农田种植，开展畜牧业养殖（图 12-1）。导致湿地面积迅速缩小，近 4 666.67 hm^2 的湿地、草地及灌木林地变成了农耕土地，泥炭藓总量锐减，湿地面积萎缩、地下水位降低，生态系统功能完整性遭到破坏。

图 12-1　神农架大九湖自然景观及畜牧养殖状况

第二阶段，1993—2000 年，为木材采伐期。为支援国家建设，大九湖大量木材被采伐，累计为国家提供商品木材 60 多万 m^3，导致森林覆盖率大幅下降，生态系统遭到破坏，山林、湿地在调节气温、净化空气、涵养水源、保持水土、防风护沙等方面的功能严重退化。

第三阶段，2001—2006 年，为农业转型期。神农架整体实施"天保工程"后，大九湖停止了木材采伐，引进外地投资商，大规模发展高山反季节蔬菜，建设产业基地。投资商与当地群众大量使用农药化肥，不仅对土壤造成了严重的污染，而且极大地造成了水源区的水质污染。

第四阶段，2007—2012 年，为功能修复期。在湖北省委省政府大九湖现场办公会精神的指引下，确立了“生态优先，科学修复，适度开发，合理利用”的建设方针，成立了大九湖湿地公园管理局，实施了大九湖湿地保护与恢复工程，引领大九湖湿地保护与修复及旅游发展走生态文化旅游协调发展的道路。

第五阶段，2013—2016 年，为生态能力提升期。2012 年 8 月 23—25 日，湖北省委、省政府在神农架林区召开现场办公会和三级干部会决定对大九湖实行整村生态移民搬迁，全面保护好大九湖生态资源。

第六阶段，2016 年至今，开启最严格保护模式。2016 年 5 月 1 日起，大九湖国家湿地公园实施封闭管理，景区内停止一切住宿、餐饮等经营活动。同时，根据国家公园体制试点保护工作、管理政策的需要实行分区管理和网格化管理，将试点区划分为大九湖、神农顶、木鱼和老君山 4 个管理区和 18 个网格管理单元。

2006 年 9 月，国家林业局批准大九湖湿地为国家湿地公园，2010 年 6 月，省政府批复大九湖区级湿地保护区晋升为省级湿地自然保护区。2007 年 3 月，湖北省机构编制委员会(鄂编发〔2007〕26 号《湖北省机构编制委员会关于设立湖北神农架大九湖国家湿地公园管理局的批复》)正式批复成立大九湖国家湿地公园管理局，实行湿地公园管理局与湿地保护区管理局两块牌子，一套班子，为正县级事业单位。2013 年 10 月，大九湖国家湿地公园通过验收，被列入《国际重要湿地名录》。2016 年 11 月，神农架国家公园管理局正式挂牌成立，将大九湖湿地纳入神农架国家公园体制试点范围，不再保留大九湖湿地管理局。

12.2 大九湖湿地保护管理与可持续利用

大九湖湿地先后实施了以生态修复、生态移民搬迁为主的湿地保护与修复措施，湿地生态及资源保护能力和水平全面提升，经国家林业经济测评，湿地生态价值达 3.853 亿元/a。

1)坚持制度管理，湿地保护全面加强。通过修订湿地公园保护制度、编制各类湿地规划、建立联防联保体系等措施，建立最强的湿地保护制度保障。一是修订湿地公园管理办法。2015 年，重新修订《湖北省神农架大九湖国家湿地公园管理办法》，依法解除与外来客商签订的 2 万亩 30 年期限土地、山林租赁、承包经营合同，依法停止当地群众和外来客商在湿地规划范围内进行的高山反季节蔬菜耕种和其他破坏性开发，及时实施退耕还林、还泽、还草工程，有效扭转湿地旱化、功能退化局势。二是编制完成各类规划。先后与世界自然基金会等国际组织，中科院、国家林科院、湖北省林科院等科研院所，北京林业大学、南京大学、华中师范大学、中国地质大学等大专院校建立合作关系，编制、修改、完善了《大九湖湿地保护与恢复可行性研究报告》《大九湖湿地资源与环境评价综合调查报告》《大九湖国家湿地公园总体规划》《大九湖省级湿地保护区总体规划》《大九湖生态移民规划》及《大九湖旅游修建性详规》等一系列规划，促进大九湖湿地保护与利用工作科学有序开展。三是建立联防联保体系。在依靠专职人员管护的同时，加大科技创新力度，建立湿地资源网格化管理信息系统，强化与周边6个国家级自然保护区的联防保护。进入国家公园体制试点后，成立大九湖管理处，启动最严格的湿地保护模式，杜绝了湿地范围内的乱砍滥伐、乱采滥挖、乱捕滥猎及抢耕强占等破坏湿地资源现象的发生。

2）坚持系统修复，生态建设成效显著。近年来，按照各级领导及专家的要求，严格按照各项规划，先后实施了大九湖湿地保护与恢复一期、二期工程，基础设施、旅游开发、生态移民搬迁等一系列工程建设，累计完成货币工程量近6亿元。一是实施了大九湖湿地保护与恢复（一期）工程，对已破坏的湿地进行了抢救性恢复，修筑蓄水暗坝9条、封堵人工干渠，疏浚自然径流，清淤底部污泥，抬升了地下水位，增加了汇水面积，提升了湿地保水、蓄水、调水等功能。二是实施333.33 hm^2 退耕还湿、266.67 hm^2 荒山造林、200 hm^2 植被恢复等生态修复工程。三是建成华中地区第一家“湿地生态系统国家定位研究站”，开展水质、土壤和鸟类监测等专项研究。四是实施“湿地功能生态修复、湿地生境系统、湿地生态效益补偿试点”等项目。通过有效修复，大九湖湿地已呈现出“高山出平湖”“鱼跃鸟翔”“风吹草低见牛羊”的秀美景观，白鹳、灰鹤、白鹭、金雕、绿头鸭等珍禽已重回湿地安家，初步恢复到20世纪80年代的生态状况。

3）坚持科学保护，科研能力逐步提升。坚持“把大九湖湿地打造和培育成华中地区重要的湿地科普、科研、科教基地”为目标，坚持科研站位，加强科研人才队伍建设，着力提高软硬件水平，全面提升科研监测能力。一是建成湿地科普馆，正式免费对公众开放，在湿地馆外建成集污水净化和科普展示为一体的湿地生境系统，实现了室内外宣教一体化。二是院士专家工作站挂牌运行。三是与中国地质大学、南京大学合作开展湿地成因研究。四是建成大九湖湿地生态定位研究站，目前正在进行生态定位研究站纳入国家湿地生态定位监测网络。五是与水文、气象等部门合作，实现资源共享。六是完成泥炭藓恢复种植实验工作，湖北海棠种质资源项目纳入区级重点科技支持项目。七是大九湖本底资源调查有序推进，2019年全面完成。

4）坚持集约管控，生态搬迁全面推进。为贯彻落实湖北省委、省政府2012年8月25日神农架现场办公会议精神，不断修复大九湖湿地生态系统，确保“一湖清水永续北送”，林区党委政府实施了大九湖湿地生态移民搬迁工程，将大九湖整体搬迁至17.5 km外的坪阡村，新建移民安置点。一是移民搬迁扎实推进。移民搬迁总户数超过460户。通过上下联动、局镇联手、干群连心齐心协力抓搬迁，截至目前，累计签订搬迁协议410户、补偿款2.2亿元，完成移民搬迁总户数的90%，累计兑付生态移民搬迁补偿款4亿元。二是移民安置点基本建成。移民安置房累计开工建设404户，366户完成主体达到营业条件。5家宾馆建成营业提升了管理接待能力。坪阡接待能力达到10 000张床位，超过搬迁前的大九湖。盐道古镇“两纵两横一环”道路成型，水、电、路等市政基础设施配套完善，建成污水处理厂、垃圾中转站，医院、学校、幼儿园、财政所、公安局、信用社等配套业务用房建成投入使用。截至目前，包含搬迁户自建房、招商引资项目、市政项目，累计完成货币工程量10亿多元。三是湿地公园实现封闭运营。为全面加强湿地保护，2016年4月30日，我们顺利实施湿地公园封闭运营管理，进入湿地公园的车辆全部实现了公交化换乘。

5）坚持产业带动，经济结构转型升级。一是成立大九湖云间生态产业开发有限公司，建立大九湖生态养殖协会、大九湖五谷杂粮协会、大九湖旅游协会，开发注册“冷水红”“五谷杂粮”“燕麦”“蜂蜜”等10余种特色产品，带动大九湖发展旅游配套服务特色产业。二是建设生态“鱼庄”“蜂庄”“药庄”“果庄”，扩大“娃娃鱼”“齐口裂腹鱼”“红尾副鳅”养殖基地，打造休闲养生区。三是服务旅游吃、住、行、游、购、娱的关联产业蓬勃兴起，带动更多农民从湿地中逐步解放出来。2017 年接待国内外游客 40 万人次，实现旅游门票收入近 3 500 万元，带动地方旅游经济综合收入近 5 亿元，为社区群众带来了看得见的实惠。

6)坚持责任担当，严格履行《国际湿地公约》。近年来，在国际、国家及地方性政策法规的大力支持下，致力于湿地生态系统基础监测以及鸟类的保护、救助、监测等，开展了大量卓有成效的工作。一是实施湿地核心区封闭工程。采用架设围栏、开挖封育沟等措施，对核心区和重点生态保护区域实施封闭式管理，严格禁止一切人为活动，为生物多样性保护创造良好的生存环境。二是实施鸟类繁殖地改良工程。通过采取湿地上空电线蜘蛛网下地、修建人工调蓄湖、疏通天然河道、人工调解溢水口等工程措施开展繁殖地改良工程，实施分区控制水位，形成了不同水深梯度的微环境，满足繁殖期鸟类对水位的生态需求。三是建设鸟类补食区。夏季通过种植玉米、萝卜的方式，在环湖周边建设鸟类补食区 333.33 hm^2，冬季从湿地群众手中收购粮食作物为越冬鸟类(主要是雁鸭及鹤类)提供食物，稳定了越冬鸟类种群、数量。四是建设鸟类栖息岛，为鸟类栖息提供多度空间。不同的水鸟对水位的要求不同，为满足鸟类多样性的空间需求，2016 年，在湿地恢复区建设了 4 处总面积达 70 000 m^2 的鸟类栖息岛，为不同鸟类提供多样的空间格局。通过几年来湿地恢复和鸟类栖息地修复措施，大九湖湿地鸟类由 2006 年建园时的 37 种增加到现在的 136 种，鸟类数量由不足 500 只增加到现在的 10 000 只左右。

12.3 神农架大九湖湿地保护与管理大事记

1970 年 5 月，神农架林区成立，大九湖被划入神农架林区。

2003 年 12 月，神农架林区人民政府批准划界立标建立大九湖区级湿地保护小区，由神农架林业管理局和九湖乡政府共同管理。

2006 年 9 月，大九湖经国家林业局批准建立国家湿地公园，成为全国第四个、华中地区首个国家级湿地公园。

2008 年 5 月，神农架林区正式组建大九湖国家湿地公园管理局。

2009 年 9 月 12 日，神农架大九湖国家湿地公园正式揭牌。

2010 年 4 月 7 日，《湖北神农架大九湖国家湿地公园管理办法》经神农架林区人民政府常务会议审议通过。

2010 年 6 月，湖北省政府正式下文批准神农架大九湖湿地，由区级自然保护区晋升为省级自然保护区。

2013 年 3 月，九湖乡作为神农架的西大门正式撤乡建镇，成为大九湖镇。

2013 年 10 月，大九湖湿地正式通过国际重要湿地公约秘书处审核，进入《国际重要湿地名录》。

2016 年 11 月，神农架国家公园管理局正式挂牌成立，大九湖湿地纳入神农架国家公园体制试点范围，不再保留大九湖湿地管理局。

参考文献

[1] A.迈里克·弗里曼.环境与资源价值评估——理论与方法[M].曾贤刚,译.北京:中国人民大学出版社,2002:109-190.

[2] B.福迪.藻类学[M].罗迪安,译.上海:上海科学技术出版社,1980:422-428.

[3] 巴家文,陈大庆.三峡库区的入侵鱼类及库区蓄水对外来鱼类入侵的影响初探[J].湖泊科学,2012,24(2):185-189.

[4] 蔡国俊,周晨,林艳红,等.贵州草海高原湿地浮游动物群落结构与水质评价[J].生态环境学报,2016,25(2):279-285.

[5] 蔡体久,辛国辉,张阳武,等.小兴安岭泥炭藓湿地土壤有机碳分布特征[J].中国水土保持科学,2010,8(5):109-113,124.

[6] 曹牧,薛建辉.崇明东滩湿地生态系统服务功能与价值评估研究述评[J].南京林业大学学报(自然科学版),2016,40(5):163-169.

[7] 曹新向,翟秋敏,郭志永.城市湿地生态系统服务功能及其保护[J].水土保持研究,2005,12(1):145-148.

[8] 陈花,程丹,徐磊,等.模糊秀体溞(Diaphanosoma dubium)和奥氏秀体溞(D. orghidani)在广东水库中的分布特征[J].湖泊科学,2011,23(5):801-805.

[9] 陈君帜.大九湖自然保护区湿地植被现状及恢复对策[J].林业调查规划,2009,34(4):67-69.

[10] 陈立婧,吴竹臣,胡忠军,等.上海崇明岛明珠湖浮游植物群落结构[J].应用生态学报,2011,22(6):1599-1605.

[11] 成勤.七姊妹山亚高山泥炭藓沼泽湿地水位变化分析[J].绿色科技,2011(1):119-121.

[12] 崔保山,刘兴土.湿地恢复研究综述[J].地球科学进展,1999,14(4):358-364.

[13] 崔丽娟.鄱阳湖湿地生态系统服务功能价值评估研究[J].生态学杂志,2004,23(4):47-51.

[14] 崔丽娟,商晓静,王义飞,等.北京地区不同湿地植物对生活污水的净化效果研究[J].林业资源管理,2009(4):109-115.

[15] 丁慧萍,覃剑晖,林少卿,等.拉萨市茶巴朗湿地的外来鱼类[J].水生态学杂志,2014,25(2):49-55.

[16] 董正武,赵晓英,陈丽华,等.新疆艾比湖精河入湖口退化湿地恢复过程中浮游植物群落的变化[J].湖泊科学,2011,23(3):395-400.

[17] 杜耘.关于鄂西亚高山湿地保护和利用的调查与建议[J].世纪行,2009(11):5.

[18] 杜耘,蔡述明,王学雷,等.神农架大九湖亚高山湿地环境背景与生态恢复[J].长江流域资源与环境,2008(06):915-919.

[19] 傅娇艳,丁振华.湿地生态系统服务、功能和价值评价研究进展[J].应用生态学报,

2007,18(3):681-686.

[20] 凡盼盼.丹江口水库浮游生物群落结构与水质评价[D].南阳:南阳师范学院,2015.

[21] 高凤歧,张则友,郎惠卿.神农架大九湖泥炭矿勘探报告[D].长春:东北师范大学,1982.

[22] 国家环境保护总局.水和废水监测分析方法[M].4版.北京:中国环境科学出版社,2005.

[23] 国家林业局.国家林业局陆地生态系统定位研究网络中长期发展规划(2008—2020年)[R].北京:国家林业局,2008.

[24] 郭坤,彭婷,罗静波,等.长湖浮游动物群落结构及其与环境因子的关系[J].海洋与湖沼,2017,48(1):40-49.

[25] 郭令智.大巴山东段第四纪冰川地形[J].地理,1943,3(3).

[26] 何报寅.历史时期神农架地区气候变化的泥炭记录[D].武汉:武汉大学,2001.

[27] 何报寅,张穗,蔡述明.近2500a神农架大九湖泥炭的气候变化记录[J].海洋地质与第四纪地质,2003,3(2):109-116.

[28] 湖北省神农架林区地方志编纂委员会编.神农架志[M].武汉:湖北科学技术出版社,1996:1-79.

[29] 胡鸿均,魏印心.中国淡水藻类-系统,分类及生态[M].北京:科学出版社,2006.

[30] 胡鸿兴,何伟,刘巧玲,等.大九湖泥炭藓湿地对磷、铜污染物净化作用的模拟研究[J].长江流域资源与环境,2008,17(6):920-926.

[31] 胡鸿兴,张岩岩,何伟,等.神农架大九湖泥炭藓沼泽湿地对镉(Ⅱ)、铜(Ⅱ)、铅(Ⅱ)、锌(Ⅱ)的净化模拟[J].长江流域资源与环境,2009,18(11):1050-1057.

[32] 黄承勇.福建天宝岩自然保护区泥炭藓沼泽植物资源调查[J].福建林业科技,2009,36(1):134-138.

[33] 黄锡畴.试论沼泽的分布和发育规律.中国沼泽研究[M].北京:科学出版社,1988:1-8.

[34] 黄祥飞.湖泊生态调查观测与分析[M].北京:湖泊生态调查观测与分析,2000.

[35] 黄尤优,曾燏,刘守江,等.大渡河老鹰岩河段的水生生物群落结构及水质评价[J].环境科学,2016,37(1):132-140.

[36] 江波,陈媛媛,饶恩明,等.博斯腾湖生态系统最终服务价值评估[J].生态学杂志,2015,34(4):1113-1120.

[37] 江波,陈媛媛,肖洋,等,白洋淀湿地生态系统最终服务价值评估[J].生态学报,2017,37(8):2497-2505.

[38] 江波,张路,欧阳志云.青海湖湿地生态系统服务价值评估[J].应用生态学报,2015,26(10):3137-3144.

[39] 姜刘志,王学雷,厉恩华,等.生态恢复前后神农架大九湖湿地土地利用变化研究[J].华中师范大学学报(自然科学版),2013,47(02):282-286.

[40] 姜宏瑶.中国湿地生态补偿机制研究[D].北京:北京林业大学,2011.

[41] 蒋燮治,堵南山.中国动物志:淡水枝角类[M].北京:科学出版社,1979.

[42] 景才瑞,傅爱民.神农架大九湖地区更新世冰川遗迹的初步研究[J].华中师范大学学

报,1986,20(3):345-356.

[43] 鞠永富,于洪贤,于婷,等.西泉眼水库夏季浮游动物群落结构特征及水质评价[J].生态学报,2016,36(16):5126-5132.

[44] 李杰,郑卓,Rachid Cheddadi,等.神农架大九湖四万年以来的植被与气候变化[J].地理学报,2013,68(1):69-81.

[45] 李静霞,李佳,党海山,等.神农架大九湖湿地公园的植被现状与保护对策[J].武汉植物学研究,2007,25(6):605-611.

[46] 李俊,刘梅群,高健,等.神农架大九湖湿地实施生态恢复工程后鱼类种类组成分析[J].生态科学,2017,36(01):159-164.

[47] 李素霞,王石,王庆云,等.神农架湿地泥炭测评及其生态开发保护[J].长江大学学报自然科学版(农学卷),2008,5(3):60-62.

[48] 李晓,李运平,于银波,等.神农架幅 H－49-3 1/20 万区域水文地质普查报告[R].湖北省地矿局水文地质大队,1984.

[49] 李艳元,葛继稳,彭凤姣,等.神农架大九湖泥炭湿地 CH_4 通量特征及其影响因子[J].地球科学,2017,42(5):832-842.

[50] 林青,由文辉.滴水湖后生浮游动物群落结构研究及水质评价[J].长江流域资源与环境,2013,22(Z1):23-29.

[51] 刘广深.中国东北泥炭地球化学工作在全球变化研究中的作用[J].矿物岩石地球化学通报,1996,15(3):98-200.

[52] 刘会平,唐晓春,孙东怀,等.神农架大九湖 12.5 ka BP 以来的孢粉与植被序列[J].微体古生物学报,2001,18(1):101-109.

[53] 刘林峰,周先华,高健,等.神农架大九湖湿地浮游植物群落结构特征及营养状态评价[J].湖泊科学,2018,30(2):417-430.

[54] 刘永耀.神农架幅 H-49-3 1/20 万区域地质调查报告[R].湖北省地质局区测队,1974.

[55] 罗涛,伦子健,顾延生,秦养民,张志麒,张兵.神农架大九湖湿地植物群落调查与生态保护研究[J].湿地科学,2015,13(02):153-160.

[56] 刘昌勇,章建斌,黄闰泉,等.湖北恩施自然保护区群亚高山湿地现状及保护对策[J].湖北林业科技,2008(5):48-51.

[57] 卢慧斌,陈光杰,陈小林,等.上行与下行效应对浮游动物的长期影响评价——以滇池与抚仙湖沉积物象鼻溞(Bosmina)为例[J].湖泊科学,2015,27(1):67-75.

[58] 卢建利,吴法清,刘胜祥.二仙岩亚高山泥炭藓沼泽湿地兽类资源调查[J].林业调查规划,2007,32(1):68-71.

[59] 卢建利,吴法清,郑炜.湖北二仙岩亚高山泥炭藓沼泽湿地两栖爬行动物资源调查[J].四川动物,2007,26(2):374-376.

[60] 马晓利,刘存歧,刘录三,等.基于鱼类食性的白洋淀食物网研究[J].水生态学杂志,2011,32(4):85-90.

[61] 苗滕,高健,陈炳辉,等.惠州西湖生态修复对浮游甲壳动物群落结构的影响[J].生态科学,2013,32(3):324-330.

[62] 潘超，刘林峰，高健，等. 神农架大九湖后生浮游动物群落结构和水质评价[J]. 长江流域资源与环境，2018，27(3)：564-573.
[63] 潘晓斌，何意，阎梅，等. 神农架大九湖水文水资源现状分析与保护对策[J]. 湖北农业科学，2013，52(13)：3033-3037.
[64] 欧阳志云，王如松，赵景柱. 生态系统服务功能及其生态经济价值评价[J]. 应用生态学报，1999，10(5)：635-640.
[65] 马广礼. 鄂西亚高山泥炭藓沼泽湿地的植物多样性[D]. 武汉：华中师范大学，2008.
[66] 马广礼，雷耘，汪正祥，等. 鄂西七姊妹山泥炭藓沼泽植物多样性[J]. 武汉植物学研究，2008，26(5)：482-488.
[67] 孟宪民. 湿地管理与研究方法[M]. 北京：中国林业出版社，2001.
[68] 彭丹，刘胜祥，黎维平，等. 神农架大九湖泥炭藓沼泽特征分析[J]. 贵州科学，2001，19(4)：101-104.
[69] 彭凤姣，葛继稳，李艳元. 神农架大九湖泥炭湿地 CO_2 通量特征及其影响因子[J]. 生态环境学报，2017(3)：453-460.
[70] 彭友贵. 广州南沙地区湿地生态系统的服务功能与保护[J]. 湿地科学，2004，2(2)：81-87.
[71] 庞丙亮，崔丽娟，马牧源，等. 若尔盖高寒湿地生态系统服务价值评价[J]. 湿地科学，2014，12(3)：273-278.
[72] 任志远. 区域生态环境服务功能经济价值评价的理论与方法[J]. 经济地理，2003，23(1)：1-4.
[73] 沈嘉瑞，戴爱云，张崇洲. 中国动物志：淡水桡足类[M]. 北京：科学出版社，1979.
[74] 沈韫芬，章宗涉，龚循矩，等. 微型生物监测新技术[M]. 北京：中国建筑出版社，1990.
[75] 盛海燕，姚佳玫，何剑波，等. 浙江青山水库浮游植物群落结构变化及与环境因子的关系[J]. 长江流域资源与环境，2015，24(6)：978-986.
[76] 苏小妹，薛庆举，操庆，等. 拟柱孢藻毒素生态毒性的研究进展和展望[J]. 生态毒理学报，2016，12(1)：64-72.
[77] 宋开山，刘殿伟，王宗明，等. 1954 年以来三江平原土地利用变化及驱动力[J]. 地理学报，2008(01)：93-104.
[78] 宋庆丰，牛香，殷彤，等. 黑龙江省湿地生态系统服务功能评估[J]. 东北林业大学学报，2015，43(6)：149-152.
[79] 谭开甲，周晓庆，张志麒. 神农架大九湖湿地开发与保护[J]. 湖北林业科技，2014，43(1)：52-55.
[80] 汤袁，卜兆君，陈祥义，等. 长白山金川泥炭地圆叶茅膏菜的生态可塑性[J]. 湿地科学，2009，7(4)：358-362.
[81] 庹德政，刘胜祥. 湖北湿地[M]. 武汉：湖北科学技术出版社，2006.
[82] 汪富贵，等. 湖北省神农架林区大九湖湿地恢复与保护研究报告[R]. 湖北省水利电力科学研究院，2005.
[83] 王俊莉，刘冬燕，古滨河，等. 基于浮游植物群落的安徽太平湖水环境生态评价[J]. 湖泊科学，2014，26(6)：939-947.

[84] 王家楫.中国淡水轮虫志[M].北京:科学出版社,1961.
[85] 王明翠,刘雪芹.湖泊富营养化评价方法及分级标准[J].中国环境监测,2002,18(5):47-49.
[86] 王显金,钟昌标.基于CVM的海涂湿地生态服务价值的模糊评估模型[J].生态学报,2018,38(8):2974-2983.
[87] 王英华,陈雷,牛远,等.丹江口水库浮游植物时空变化特征[J].湖泊科学,2016,28(5):1057-1065.
[88] 武安泉,郭宁,覃雪波.寒区典型湿地浮游植物功能群季节变化及其与环境因子关系[J].环境科学学报,2015,35(5):1341-1349.
[89] 吴红飞,魏小飞,关保华,等.沉水植物对鱼类扰动引起的沉积物再悬浮的影响[J].江苏农业科学,2015,43(4):369-371.
[90] 吴玲玲,陆健健,童春富,等.长江口湿地生态系统服务功能价值的评估[J].长江流域资源与环境,2003,12(5):411-416.
[91] 吴卫菊,王玲玲,张斌,等.洪湖水生生物多样性及水质评价研究[J].环境科学与管理,2015,40(10):184-187.
[92] 肖溪,楼莉萍,李华,等.沉水植物化感作用控藻能力评述[J].应用生态学报,2009,20(3):705-712.
[93] 熊飞,李文朝,潘继征,等.云南抚仙湖鱼类资源现状与变化[J].湖泊科学,2006,18(3):305-311.
[94] 辛琨,肖笃宁.盘锦地区湿地生态系统服务功能价值估算[J].生态学报,2002,22(8):1345-1349.
[95] 杨干荣.湖北省鱼类志[M].武汉:湖北科学技术出版社,1987.
[96] 杨干荣,谢从新,熊邦喜,等.神农架鱼类(专辑)[M].武汉:1983.
[97] 约翰·马敬能,卡伦·菲利普斯,何芬奇,等.中国鸟类野外手册[M].长沙:湖南教育出版社,2000.
[98] 尹发能.神农架大九湖湿地保护与利用研究[J].人民长江,2009,40(19):50-52,105.
[99] 余明勇,姚玲.神农架大九湖保护涉水工程对湿地生态环境的影响[J].中国农村水利水电,2013(12):57-61.
[100] 岳儒焱,杨凯,张修峰,等.鲤对浅水湖泊水质影响的围隔实验研究[J].生态科学,2013,32(2):171-176.
[101] 张囡囡,刘宜鑫,臧淑英.黑龙江扎龙湿地不同功能区浮游植物群落与环境因子的关系[J].湖泊科学,2016,28(3):554-565.
[102] 张荣祖.中国动物地理[M].北京:科学出版社,2004.
[103] 张玮,王为东,王丽卿,等.嘉兴石臼漾湿地冬季浮游植物群落结构特征[J].应用生态学报,2011,22(9):2431-2437.
[104] 张阳武.小兴安岭泥炭沼泽植物区系及土壤理化性质研究[D].哈尔滨:东北林业大学,2009.
[105] 张运,张贵.洞庭湖湿地生态系统服务功能效益分析[J].中国农学通报,2012,28(8):276-281.

[106] 章宗涉,黄祥飞.淡水浮游生物研究方法[M].北京:科学出版社,1995.

[107] 郑光美.中国鸟类分类与分布名录[M].北京:科学出版社,2011.

[108] 庄大昌.洞庭湖湿地生态系统服务功能价值评估[J].经济地理,2004,24(3):391-394,432.

[109] 中华人民共和国水利部.中国水资源公报[M].北京:中国水利水电出版社,2005.

[110] 中国科学院武汉植物研究所.神农架植物[M].武汉:湖北人民出版社,1980.

[111] 中国湿地植被编辑委员会.中国湿地植被[M].北京:科学出版社,1999.

[112] 赵莉,雷腊梅,彭亮,等.广东省镇海水库拟柱孢藻(Cylindrospermopsis raciborskii)的季节动态及驱动因子分析[J].湖泊科学,2017,29(1):193-199.

[113] 赵帅营,林秋奇,刘正文,等.南亚热带湖泊-星湖后生浮游动物群落特征研究[J].水生生物学报,2007,31(3):405-413.

[114] 赵先富,于军,葛建华,等.青岛棘洪滩水库浮游藻类状况及水质评价[J].水生生物学报,2005,29(6):639-644.

[115] 周游,周彦锋,丁娜,等.庐山西海夏秋季浮游动物群落结构与水质评价[J].水生态学杂志,2014,35(3):26-33.

[116] 周文昌,史玉虎,崔鸿侠,等.神农架大九湖湿地保护与管理对策[J].湿地科学与管理,2017,13(2):34-37.

[117] 朱诚,马春梅,张文卿,等.神农架大九湖 15.753 ka B.P.以来的孢粉记录和环境演变[J].第四纪研究,2006,26(5):814-826.

[118] ABELL J,ÖZKUNDAKCI D,HAMILTON D. Nitrogen and phosphorus limitation of phytoplankton growth in New Zealand lakes: implications for eutrophication control[J]. Ecosystems,2010,13(7):966-977.

[119] AZEVÊDO D J S,BARBOSA J E L,GOMES W I A,et al. Diversity measures in macroinvertebrate and zooplankton communities related to the trophic status of subtropical reservoirs:Contradictory or complementary responses? [J]. Ecological Indicators,2015,50:135-149.

[120] ASSESSMENT M E. Ecosystems and human well-being[M]. Washington,D C:Island Press,2005.

[121] BARBIER E B,ACREMAN M C,KNOWLER D. Economic Valuation of Wetlands:a guide for policy makers and planners[M]. Ramsar Convention Bureau. Gland,Switzerland,1997.

[122] BARLETTA M,JAUREGUIZAR A J,BAIGUN C,et al. Fish and aquatic habitat conservation in South America:a continental overview with emphasis on neotropical systems[J]. Journal of Fish Biology,2010,76(9):2118-2176.

[123] BATEMAN I J,LANGFORD I H,JONES A P,et al. Bound and path effects in double and choice contingent valuation[J]. Resource and Energy Economics,2001,23(3):191-213.

[124] BOYD J,BANZHAF S. What are ecosystem services? The need for standardized environmental accounting units[J]. Ecological Economics,2007,63(2-3):616-626.

[125] CARONI R,IRVINE K. The potential of zooplankton communities for ecological assessment of lakes:redundant concept or political oversight? [J]. Biology & Environment Proceedings of the Royal Irish Academy,2010,110B(1):35-53.

[126] CARPENTER S R,KITCHELL J F,HODGSON J R. Cascading trophic interactions and lakeproductivity[J]. BioScience,1985,35(10):634-639.

[127] CHEN Q,ZHANG C,RECKNAGEL F,et al. Adaptation and multiple parameter optimization of the simulation model SALMO as prerequisite for scenario analysis on a shallow eutrophic Lake[J]. Ecological Modelling,2014,273(7):109-116.

[128] COOKE G D,WELCH E B,PETERSON S,et al. Restoration and management of lakes and reservoirs[M]. CRC press,3rd edition,2016.

[129] COSTANZA R,D'ARGE R,GROOT R D,et al. The value of the world's ecosystem services and natural capital[J]. Nature,1997,387(1):253-260.

[130] CROSBIE B,CHOW-FRASER P. Percentage land use in the watershed determines the water and sediment quality of 22 marshes in the Great Lakes basin. Canadian Journal of Fisheries and Aquatic Sciences,1999,56(10):1781-1791.

[131] DALIY G C. Nature's Services:Social Dependence on Natural Ecosystems[M]. Washington D C:Island Press,1997.

[132] DAVIS S M,OGDEN J C. Everglades:The Ecosystem and its Restoration[M]. Delmy Beach,FL:St Lucie Press,1994.

[133] DODDS W K,JOHNSON K R,PRISCU J C. Simultaneous nitrogen and phosphorus deficiency in natural phytoplankton assemblages:theory,empirical evidence and implications for lake management[J]. Lake and Reservoir Management,1989,5(1):21-26.

[134] DOLMAN A M,MISCHKE U,WIEDNER C. Lake-type-specific seasonal patterns of nutrient limitation in German lakes,with target nitrogen and phosphorus concentrations for good ecological status[J]. Freshwater Biology,2016,61(4):444-456.

[135] DOWNING J A,MCCAULEY E. The nitrogen:phosphorus relationship in lakes[J]. Limnology and Oceanography,1992,37(5):936-945.

[136] DUDGEON D,ARTHINGTON A H,GESSNER M O,et al. Freshwater biodiversity:importance,threats,status and conservation challenges[J]. Biological Reviews,2006,81(2):163-182.

[137] EDWARDS K F,THOMAS M K,KLAUSMEIER C A,et al. Phytoplankton growth and the interaction of light and temperature:a synthesis at the species and community level[J]. Limnology & Oceanography,2016,61(4):1232-1244.

[138] ELLIOTT J A,JONES I D,THACKERAY S J. Testing the sensitivity of phytoplanktoncommunities to changes in water temperature and nutrient load,in a temperate lake[J]. Hydrobiologia,2006,559(1):401-411.

[139] ELSER J J,MARZOLF E R,GOLDMAN C R. Phosphorus and nitrogen limitation

of phytoplankton growth in the freshwaters of North America: a review and critique of experimental enrichments[J]. Canadian Journal of Fisheries & Aquatic Sciences, 1990, 47(7): 1468-1477.

[140] EU W F D. Directive 2000/60/EC of the European Parliament and of the council of 23 October 2000 establishing a framework for community action in the field of water policy[J]. Official Journal of European Communities, 2000, L327(43): 1-72.

[141] FISHER B, TURNER R K. Ecosystem services: classification for valuation[J]. Biological Conservation, 2008, 141(5): 1167-1169.

[142] GAJEWSKI K, VINU A, SAWADA M, et al. Sphagnum peatland distribution in North America and Eurasia during the past 21,000 years[J]. Global Biogeochemical Cycles, 2001, 15(2).

[143] GAO J, LIU Z, JEPPESEN E. Fish community assemblages changed but biomass remained similar after lake restoration by biomanipulation in a Chinese tropical eutrophic lake[J]. Hydrobiologia, 2014, 724(1): 127-140.

[144] GAO J, ZHONG P, NING J, et al. Herbivory of omnivorous fish shapes the food web structure of achinese tropical eutrophic lake: evidence from stable isotope and fish gut content analyses[J]. Water, 2017, 9(1): 69.

[145] GANNON J, STEMBERGER R. Zooplankton (Especially Crustaceans and Rotifers) as indicators of water quality[J]. Transactions of the American Microscopical Society, 1978, 97(1): 16-35.

[146] GREEN J. The temperate-tropical gradient of planktonic Protozoa andRotifera[J]. Hydrobiologia, 1994, 272(1-3): 13-26.

[147] GROOT R S, WILSON M A, BOUMANS R M L. A typology for the classification, description and valuation of ecosystem function, goods and services[J]. Ecological Economics, 2002, 41(3): 393-408.

[148] GUARDO M, FINK L, FONTAINE T D. Large-Scale Constructed Wetlands for Nutrient Removal from Stormwater Runoff: An Everglades Restoration Project [J]. Environmental Management, 1995, 19(6): 879-889.

[149] GUILDFORD S J, HECKY R E. Total nitrogen, total phosphorus, and nutrient limitation in lakes and oceans: is there a common relationship? [J]. Limnology and Oceanography, 2000, 45(6): 1213-1223.

[150] HABERMAN J, HALDNA M. Indices of zooplankton community as valuable tools in assessing the trophic state and water quality of eutrophic lakes: long term study of Lake Võrtsjärv[J]. Journal of Limnology, 2014, 73(2): 263-273.

[151] HALSEY, LINDA, DALEVITT STEPHEN ZOLTAI. Climatic and physiographic controls on wetland type and distribution in Manitoba, Canada[J]. Wetlends, 1997, 17(2): 243-262.

[152] HENRY C P, AMOROS C. Restoration ecology of riverine wetlands(I): A scientific base[J]. Environmental Management, 1995, 19(6): 891-902.

[153] HENRY C P,AMOROS C,Giuliani Y. Restoration ecology of riverine wetlands (Ⅱ):An example in a former channel of the Rhone River[J]. Environmental Management,1995,19(6):903-913.

[154] HERRERA-MARTÍNEZ Y,PAGGI J C,GARCÍA C B. Cascading effect of exotic fish fry on plankton community in a tropical Andean high mountain lake:a mesocosm experiment[J]. Journal of Limnology,2017.

[155] HUSZAR V L M,CARACO N. The relationship between phytoplankton composition and physical-chemical variables:a comparison of taxonomic and morphological-functional approaches in six temperate lakes[J]. Freshwater Biology,1998,40(4):679-696.

[156] JEPPESEN E,LAURIDSEN T L,MITCHELL S F,et al. Trophic structure in the pelagial of 25 shallow New Zealand lakes:changes along nutrient and fish gradients [J]. Journal of Plankton Research,2000,22(5):951-968.

[157] JEPPESEN E,NÕGES P,DAVIDSON T A,et al. Zooplankton as indicators in lakes:a scientific-based plea for including zooplankton in the ecological quality assessment of lakes according to the European Water Framework Directive(WFD) [J]. Hydrobiologia,2011,676(1):279-297.

[158] JEPPESEN E,SøNDERGAARD M,JENSEN J P,et al. Lake responses to reduced nutrient loading - an analysis of contemporary long-term data from 35 case studies [J]. Freshwater Biology,2005,50(10):1747-1771.

[159] JEPPESEN E,SøNDERGAARD M,LAURIDSEN T L,et al. Biomanipulation asa Restoration Tool to Combat Eutrophication:Recent Advances and Future Challenges[J]. Advances in Ecological Research,2012,47:411-487.

[160] KATSIAPI M,MOUSTAKA-GOUNI M,MICHALOUDI E,et al. Phytoplankton and water quality in a mediterranean drinking-water reservoir(Marathonas Reservoir, Greece) [J]. Environmental Monitoring & Assessment, 2011, 181 (1-4): 563-575.

[161] KATSIAPI M,MOUSTAKA-GOUNI M,SOMMER U. Assessing ecological water quality of freshwaters:PhyCoI-a new phytoplankton community Index[J]. Ecological Informatics,2016,31:22-29.

[162] KEELER B L,POLASKY S,BRAUMAN K A,et al. Linking water quality and well-being for improved assessment and valuation of ecosystem services[J]. Proceedings of the National Academy of Sciences,2012,109(45):18619-18624.

[163] KOLDING G J. Pasgear:A database package for experimental fishery data from passive gears:An introductory manual[M]// Department of fisheries and marine Biology, University of Bergen, High Technology Centre, N—5020, Bergen, Norway,1998.

[164] KOZAK A,GOŁDYN R,DONDAJEWSKA R. Phytoplankton composition and abundance in restored Maltański Reservoir under the influence of physico-chemical

variables and zooplankton grazing pressure[J]. PLoS One,2015,10(4):e0124738.
[165] KREBS C J. Ecological methodology [M]. New York: Harper Collins Publishers,1989.
[166] KUCZYŃSKA-KIPPEN N,JONIAK T. Zooplankton diversity and macrophyte biometry in shallow water bodies of various trophic state[J]. Hydrobiologia,2016,774(1):39-51.
[167] LAFRANCOIS B M,NYDICK K R,CARUSO B. Influence of nitrogen on phytoplankton biomass and community composition in fifteen Snowy Range Lakes(Wyoming U. S. A.)[J]. Artic Antarctic and Alpine Research,2003,35(4):499-508.
[168] LEPŠ J,ŠMILAUER P ED. Multivariate analysis of ecological data using CANOCO[M]. London:Cambridge Univiversity Press,2003.
[169] LOVETT A,BATEMAN I. Economic analysis of environmental preferences:Progress and prospects[J]. Computers Environment & Urban Systems,2001,25(2):131-139.
[170] MÄEMETS A. Rotifers as indicators of lake types in Estonia[J]. Hydrobiologia,1983,104(1):357-361.
[171] MAGURRAN A E. Ecological diversity and its measurement[M]. New Jersey:Princeton University Press,1988.
[172] MARCHETTO A,Padedda B M,Mariani M A,et al. A numerical index for evaluating phytoplankton response to changes in nutrient levels in deep mediterranean reservoirs[J]. Journal of Limnology,2009,68(1):106-121.
[173] MARGALEF D R Ed. Inpersproctivesi marine biology(A BuzzatiTraversoed)[M]. California:University California Press,1958:323-347.
[174] MARINONE M C,MARQUE S M,SUÁREZ D A,et al. UV radiation as a potential driving force for zooplankton community structure in Patagonian lakes[J]. Photochemistry & Photobiology,2006,82(4):962-971.
[175] MC QUEEN D J,JOHANNES M R S,POST J R,et al. Bottom-up and top-down impacts on freshwater pelagic community structure[J]. Ecological Monographs,1989,59(3):289-309.
[176] MCNAUGHTON S J. Relationships among Functional Properties of Californian Grassland[J]. Nature,1967,216(5111):168-169.
[177] MISCHLER J A,TAYLOR P G,TOWNSEND A R. Nitrogen limitation on pond ecosystems on the plains of eastern Colorado[J]. PLoS One,2014,9(5):e95757.
[178] MORRIS D P,LEWIS W M. Phytoplankton nutrient limitation in Colorado mountain lakes[J]. Freshwater Biology,1988,20(3):315-327.
[179] NALEWAJKO C,MURPHY T P. Effects of temperature,and availability of nitrogen and phosphorus on the abundance of Anabaena and Microcystis in Lake Biwa,Japan:an experimental approach[J]. Limnology,2001,2(1):45-48.
[180] NOGUEIRA M G. Zooplankton composition,dominance and abundance as indica-

tors of environmental compartmentalization inJurumirim Reservoir(Paranapanema River),São Paulo,Brazil[J]. Hydrobiologia,2001,455(1-3):1-18.

[181] O'NEIL J M,DAVIS T W,BURFORD M A,et al. The rise of harmful cyanobacteria blooms:the potential roles of eutrophication and climate change[J]. Harmful Algae,2013,14(1):313-334.

[182] PADISÁK J,BORICS G,GRIGORSZKY I,et al. Use of phytoplankton assemblages for monitoring ecological status of lakes within the Water Framework Directive:the assemblage index[J]. Hydrobiologia,2006,553(1):1-14.

[183] PEARCE D,TURNER D. The environment of environment and natural resources [M]. London:Earchscan,1990:58-64.

[184] PEARCE D. Economic values and the natural world:Appendix II[M]. London: Earchscan,1993,157-163.

[185] PENTTINEN O P,Holopainen I J. Seasonal feeding activity and ontogenetic dietary shifts in crucian carp,Carassiuscarassius[J]. Environmental Biology of Fishes, 1992,33(1-2):215-221.

[186] PIINKAS L,OLIPHANT M S,IVERSON I L K. Food habitats of albacore,bluefintuna,and bonito in California waters[J]. Fish Bulletin,1971,152:1-105.

[187] PITKÄNEN H,LEHTORANTA J,RÄIKE A. Internal nutrient fluxes counteract decreases in external load:the case of the estuarial eastern gulf of Finland,Baltic Sea[J]. Ambio,2001,30(4/5):195-201.

[188] POLASKY S,SEGERSON K. Integrating ecology and economics in the study of ecosystem services:some lessons learned[J]. Annual Review of Resource Economics,2009,1(1):409-434.

[189] POTTHOFF A J,HERWIG B R,HANSON M A,et al. Cascading food-web effects of piscivore introductions in shallow lakes[J]. Journal of Applied Ecology,2008,45 (4):1170-1179.

[190] PTACNIK R,SOLIMINI A G,BRETTUM P. Performance of a new phytoplankton composition metric along an eutrophication gradient in Nordic lakes[J]. Hydrobiologia,2009,633(1):75-82.

[191] RADKE R J,KAHL U. Effects of a filter-feeding fish[silvercarp,Hypophthalmichthys molitrix(Val.)] on phyto- and zooplankton in a mesotrophic reservoir:results from an enclosure experiment[J]. Freshwater Biology,2002,47(12):2337-2344.

[192] RAUTIO M. Community structure of crustacean zooplankton in subarctic ponds: effects of altitude and physical heterogeneity[J]. Ecography,1998,21(3):327-335.

[193] RHEE G-Y,GOTHAM I J. The effect of environmental factors on phytoplankton growth:temperature and the interactions of temperature with nutrient limitation [J]. Limnology & Oceanography,1981,26(4):635-648.

[194] ROBARTS R D,ZOHARY T. Temperature effects on photosynthetic capacity,respiration,and growth rates of bloom-forming cyanobacteria[J]. New Zealand Jour-

nal of Marine and Freshwater Research,1987,21(3):391-399.

[195] SCHEFFER M,PORTIELJE R,ZAMBRANO L. Fish facilitate wave resuspension of sediment[J]. Limnology & Oceanography,2003,48(5):1920-1926.

[196] SCOTT J T,MCCARTHY M J. Nitrogen fixation may not balance the nitrogen pool in lakes over timescales relevant to eutrophication management[J]. Limnology and Oceanography,2010,55(3):1265-1270.

[197] SEILHEIMER T S,CHOW-FRASER P. Developing the wetland fish index: A method for assessing the quality of great lakes coastal wetlands[J]. Canadian Journal of Fisheries and Aquatic Sciences,2006,63(2):354-366.

[198] SELLESLAGH J,AMARA R,LAFFARGUE P,et al. Fish composition and assemblage structure in three Eastern English Channel macrotidal estuaries:a comparison with other French estuaries[J]. Estuarine,Coastal and Shelf Science,2009,81(2):149-159.

[199] SHANNNON C E,WEAVER W EDS. The mathematical theory of communication[M]. Urbana:University of Illinois Press,1949:213-216.

[200] SIMON T P. The use of biological criteria as a tool for water resource management[J]. Environmental Science and Policy,2000,3(supp-S1):43-49.

[201] SLÁDEČEK V. Rotifers as indicators of water quality[J]. Hydrobiologia,1983,100(1):169-201.

[202] SOMMER U,MACIEJ G Z,LAMPERT M,et al. The PEG model of seasonal succession of planktonic events in freshwaters[J]. Hydrobiologia, 1986, 106(4): 433-471.

[203] SØNDERGAARD M,LAURIDSEN T L,JOHANSSON L S,et al. Nitrogen or phosphorus limitation in lakes and its impact on phytoplankton biomass and submerged macrophyte cover[J]. Hydrobiologia,2017,795(1):35-48.

[204] TURNER R K,PAAVOLA J,COOPER P,et al. Valuingnature: lessons learned and future research directions[J]. Ecological Economics,2003,46(3):493-510.

[205] UKU J N,MAVUTI K M. Comparative limnology,species diversity and biomass relationship of zooplankton and phytoplankton in five freshwater lakes in Kenya[J]. Hydrobiologia,1994,272(1-3):251-258.

[206] VAKKILAINEN K,KAIRESALO T,HIETALA J,et al. Response of zooplankton to nutrient enrichment and fish in shallow lakes:a pan-European mesocosm experiment[J]. Freshwater Biology,2004,49(12):1619-1632.

[207] VANDER ZANDEN M J,VADEBONCOEUR Y. Fish as integrators of benthic and pelagic food webs in lakes[J]. Ecology,2002,83(8):2152-2161.

[208] WAN R J,ZHOU F,SHAN X J,et al. Impacts of variability of habitat factors on species composition of ichthyoplankton and distribution of fish spawning ground in theChangjiang River estuary and its adjacent waters[J]. Acta Ecologica Sinica, 2010,30(3):155-165.

[209] WANG X L, LU Y L, HE G Z, et al. Exploration of relationships between phytoplankton biomass and related environmental variables using multivariate statistical analysis in a eutrophic shallow lake: a 5-year study[J]. Journal of Environmental Sciences, 2007, 19(8): 920-992.

[210] WANG Y, GU X, ZENG Q, et al. Contrasting response of a plankton community to two filter-feeding fish and their feces: Anin situ enclosure experiment[J]. Aquaculture, 2016, 465: 330-340.

[211] WETZEL R G. Limnology: Lake and River Ecosystems[M]. Academic Press, San Diego, CA. 3rd edition, 2001. DOI: 10. 1016/B978-0-08-057439-4. 50001-0

[212] WHO, World Health Organization. Guidelines for drinking-water quality[M]. World Health Organization, 2004.

[213] WILLIAMS J J, BEUTEL M, NURSE A, et al. Phytoplankton responses to nitrogen enrichment in Pacific Northwest, USA Mountain Lakes[J]. Hydrobiologia, 2016, 776(1): 261-276.

[214] WOODWARD R T, WUI Y-S. The Economic Value of Wetland Services: a meta-analysis[J]. Ecological Economics, 2001, 37(2): 257-270.

[215] XU H, PAERL H W, QIN B, et al. Nitrogen and phosphorus inputs control phytoplankton growth in eutrophic Lake Taihu, China[J]. Limnology & Oceanography, 2010, 55(1): 420-432.

[216] ZHANG B, SHI Y T, LIU J H, et al. Economic values and dominant providers of key ecosystem services of wetlands in Beijing, China[J]. Ecological Indicators, 2017, 77: 48-58.

[217] Zhang J, Xie P, Tao M, et al. The impact of fish predation and cyanobacteria on zooplankton size structure in 96 subtropical lakes[J]. PLoS One, 2013, 8(10): e76378.